MATEMAT!CA
divertida y curiosa

Malba Tahan

Pluma y Papel
Ediciones

Tahan, Malba
  Matemática divertida y curiosa / Malba Tahan ; dirigido por Marcelo Caballero ;
edición literaria a cargo de: Monica Piacentini - 1a ed. - Buenos Aires : Pluma y
Papel, 2006.
  168 p. ; 23x16 cm.

  ISBN 987-1021-58-5

  1. Matematica. I. Caballero, Marcelo, dir.
  II. Piacentini, Monica , ed. lit. III. Título
  CDD 510

andamiaje | COLECCIÓN

Traducción: Mirta Papagni
Diseño de tapa: PensArte
Diseño de interior: Mariel A. Gonzalez

© by Herederos de Malba Tahan
© 2006 by Pluma y Papel
Ediciones de Goldfinger S.A.

ISBN: 987-1021-58-5
978-987-1021-58-5

Pluma y Papel Ediciones
Juncal 4651
C1425BAE – Buenos Aires – Argentina
plumaypapel@delnuevoextremo.com

Queda hecho el depósito de Ley 11.723

Impreso en Argentina
Printed in Argentina

Tirada 4000 ejemplares

◱ Índice

◩ Prefacio

El presente volumen contiene exclusivamente recreaciones y curiosidades relativas a la Matemática Elemental. Por lo tanto, no se han incluido en esta obra las variantes y problemas que pudieran implicar el uso de números trascendentes, funciones algebraicas, logaritmos, expresiones imaginarias, curvas trigonométricas, geometrías no euclídeas, funciones moduladas, etc.

Nos pareció más interesante evitar la división del material que constituye este libro en distintas partes de acuerdo con la naturaleza del tema –Aritmética, Algebra, Geometría, etc. De este modo, los lectores encontrarán entrelazados –sin que tal disposición obedezca a ninguna ley- problemas numéricos, anécdotas, sofismas, cuentos, frases célebres, etc.

Excluimos por completo las demostraciones algebraicas complicadas y las cuestiones que exigiesen engorrosos cálculos numéricos. Ciertos capítulos de la Matemática son abordados aquí de modo elemental e intuitivo; no tendrían cabida, en un libro de esta naturaleza, los estudios desarrollados sobre los cuadrados mágicos, sobre los números amigos o sobre la proporción áurea.

Los profesores de Matemática –salvo raras excepciones- en general, presentan una acentuada tendencia a la utilización de áridos y molestos algoritmos. En lugar de problemas prácticos, interesantes y simples, sistemáticamente plantean a sus alumnos verdaderos enigmas, cuyo sentido el estudiante no llega a penetrar. Es bastante conocida la frase de un famoso geómetra que, después de una clase en la Escuela Politécnica, exclamó radiante: «¡Hoy sí, estoy satisfecho! ¡Di una clase y nadie entendió nada!».

El mayor enemigo de la Matemática es, sin duda, el algebrista –que no hace otra cosa más que sembrar en el espíritu de los jóvenes esa injustificada aversión al estudio de la ciencia más simple, más bella y más útil. Sería muy útil para la cultura general del pueblo, que los estudiantes, plagiando la célebre exigencia de Platón, escribiesen en las puertas de sus colegios: «Que no nos venga a enseñar quien sea algebrista».

Esa exigencia, sin embargo, no debería ser... ¡platónica!

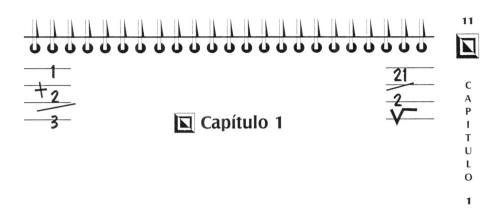

🔲 Capítulo 1

MATEMÁTICOS HECHICEROS

Nos cuenta Rebière [1] que el zar Iván IV, apodado el Terrible, propuso cierta vez un problema a un geómetra de su corte. Consistía en determinar cuántos ladrillos serían necesarios para la construcción de un edificio regular cuyas dimensiones se indicaban. La respuesta fue rápida y la construcción realizada demostró más tarde la exactitud de los cálculos. Iván, impresionado con este hecho, mandó quemar al matemático convencido de que haciendo esto, libraba al pueblo ruso de un peligroso hechicero.

François Viète [2] –el fundador del Algebra Moderna- también fue acusado de cultivar la hechicería.

He aquí la forma en que los historiadores narran ese curioso episodio: *Durante las guerras civiles en Francia, los españoles se servían, para su correspondencia secreta, de un código en el que figuraban cerca de 600 símbolos diferentes, periódicamente permutados de acuerdo con cierta regla que sólo los súbditos más cercanos de Felipe II conocían. Sin embargo, habiendo sido interceptado un despacho secreto de España, Enrique IV, rey de Francia, resolvió entregarlo para que el maravilloso genio de Viète lo descifrara. Y el geómetra no sólo descifró el documento interceptado sino que descubrió el código español. Los franceses aprovecharon este descubrimiento, con incalculables ventajas, durante dos años.*

Cuando Felipe II supo que sus enemigos habían descubierto

---

[1] *Rebiére – Mathématiques e mathématiciens*
[2] *Matemático francés. Nació en 1540 y falleció en 1603*

el secreto del código considerado hasta entonces como indescifrable, fue presa de gran espanto y rencor, apurándose a llevar ante el papa Gregorio XIII la denuncia de que los franceses, contrariamente a la práctica de la fe cristiana *recurrían a los sortilegios diabólicos de la hechicería, denuncia a la que el sumo pontífice no prestó la más mínima atención.*

Sin embargo, no deja de ser curioso el hecho de que Viète – a causa de su talento matemático- fuera incluido entre los magos y hechiceros de su tiempo. [3]

CRIATURAS FENOMENALES

El escritor francés Alphonse Daudet, en su libro *Tartarín de Tarascón* (p.188) nos cuenta un episodio del que remarcamos lo siguiente:

Detrás del camello corrían cuatro mil árabes descalzos, gesticulando, riendo como locos y haciendo destellar al sol seiscientos mil dientes muy blancos.

Una simple división de números enteros nos muestra que Daudet, cuya vivacidad de espíritu es inconfundible, atribuyó un total de 150 dientes a cada árabe, transformando los cuatro mil perseguidores en criaturas fenomenales.

---

[3] Artículo «François Viéte» del libro Álgebra – 3er año, de Cecil Thiré y Melo e Souza

ILUSIÓN ÓPTICA

La persona que examine con atención la curiosa figura de arriba, será capaz de jurar que las curvas que en ella aparecen son espirales perfectas.

Esa afirmación es errónea. La figura constituye una notable ilusión óptica imaginada por el Dr Frazer.

Todas las curvas del dibujo son círculos perfectos. Un simple compás traerá esa certeza al espíritu del observador.

EL PAPIRO RHIND

Un coleccionista inglés llamado Rhind adquirió un documento antiquísimo encontrado por los árabes entre las ruinas de las tumbas de los faraones. Ese documento era –según lo comprobaron los sabios que lo tradujeron- un papiro escrito veinte siglos antes de Cristo por un sacerdote egipcio llamado Ahmés.

Nadie puede estimar las dificultades que los egiptólogos debieron afrontar para descifrar el papiro. ¡En el viejo documento todo es confuso y enmarañado! Bajo un título pomposo –*Reglas para indagar la naturaleza, y para saber todo lo que existe, cada misterio, cada secreto*- finalmente, el célebre papiro no es más que un cuaderno que contiene los ejercicios de un estudiante. Esa es la opinión de un notable científico llamado Revillout, que analizó con el mayor cuidado el documento egipcio.

El papiro contiene problemas de Aritmética, cuestiones de Geometría y varias reglas empíricas para el cálculo de áreas y volúmenes.

Vamos a incluir aquí, a título de curiosidad, un problema del papiro:

Dividir 700 panes entre 4 personas de modo que le correspondan 2/3 a la primera, 1/2 a la segunda, 1/3 a la tercera y 1/4 a la cuarta.

En el papiro de Ahmés –según lo mostró el profesor Raja Gabaglia[4]-, la suma y la resta aparecen indicadas, en varios problemas, por un símbolo representado por dos piernas. Cuando las piernas estaban inclinadas en la dirección de la escritura representaban *más*, cuando estaban inclinadas en la dirección opuesta, indicaban *menos*. Fueron esos, tal vez, los primeros signos de operaciones usados en Matemática.

[4] Raja Cabaglia – «*El documento más antiguo de la matemática que se conoce*», 1899, p 16.

Y el coleccionista Rhind --a causa de ese papiro- se hizo célebre en Matemática sin haber desarrollado jamás el estudio de
esa ciencia.

LA ECONOMÍA DEL CODO DURO[5]

Un avaro – al que el pueblo apodaba Codo Duro- movido por
la mórbida manía de juntar dinero, resolvió cierta vez economi-
zar de la siguiente manera: el primer día del mes, guardaría en
un cofre, un vintém, una moneda; el segundo día, dos; el tercero, cuatro; el cuarto día, ocho y así, duplicando sucesivamente
durante treinta días consecutivos.

¿Cuánto había ahorrado el Codo Duro, de este modo, a fin de
mes? ¿Más de un conto de réis? ¿Menos?

Para que el lector no se sienta confundido, vamos a darle
algunas explicaciones.

Al terminar la semana, o mejor dicho, ocho días después, el
avaro había economizado sólo 255 vinténs, es decir, 5$100.

¿Y al terminar las cuatro semanas?

Un profesor de Matemática propuso ese problema en forma
imprevista a un grupo de cincuenta estudiantes. Debían obtener la solución mentalmente.

Uno de los alumnos respondió en seguida que la suma no
pasaría de 500$000.

Otro evaluó en dos contos de réis la suma final.

Un tercero, inspirado por alguna desconfianza sobre el resultado del problema, aseguró que el Codo Duro tendría casi 200
contos de réis.

-¡No llega a 100 contos! Afirmó con seguridad el que realizó
el primer cálculo dentro del grupo.

Finalmente, no hubo ningún estudiante que dijera un resultado aproximadamente verdadero.

Al cabo de treinta días, el avaro había ahorrado un número de
vinténs igual a 1073741824, número que equivale a la suma de
21.474:836$480. ¡Más de veintiún mil contos! ¿El lector no lo cree?

---

[5] Nota del traductor: unidad monetaria brasilera en vigencia desde 1833 hasta 1942, fecha
en que se estableció el cruzeiro. (Patrón monetario Mil réis: 1$000 Rs, submúltiplo 100réis:
$100 Rs; conto de réis: 1000 Mil réis o 1000$000 Rs o un millón de réis).

Haga entonces las cuentas y verifique que ese resultado es precisamente el exacto.

LOS GRANDES GEÓMETRAS

TALES DE MILETO - Célebre astrónomo y matemático griego. Vivió cinco siglos antes de Cristo. Fue uno de los siete sabios de Grecia y el fundador de la escuela filosófica denominada Escuela Jónica. Fue el primero en explicar la causa de los eclipses del sol y de la luna. Descubrió varias proposiciones geométricas. Murió a los noventa años de edad, asfixiado por la multitud, cuando se retiraba de un espectáculo.

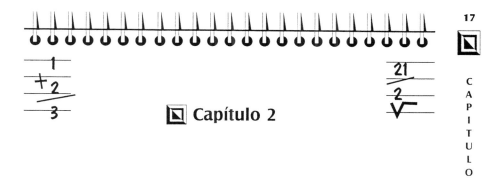

¿CUÁNTOS VERSOS TIENEN LOS LUSITANOS?

*Como todos saben, Los Lusitanos presentan mil ciento
dos estrofas y cada estrofa contiene ocho versos.
¿Cuántos versos tiene todo el poema?*

Si se le presentara este problema a cualquier persona, ella seguramente respondería así:

- Esa es una pregunta infantil. Basta con multiplicar mil ciento dos por ocho. *Los Lusitanos* tienen ocho mil ochocientos dieciséis versos.

Pero esta respuesta, para gran sorpresa de los algebristas, no es verdadera. *Los Lusitanos*, aunque tengan mil ciento dos estrofas con ocho versos cada una, presentan ocho mil ochocientos catorce versos, y no ocho mil ochocientos dieciséis como era de esperar.

La razón es simple. Hay entre ellos dos versos repetidos, que no pueden, por lo tanto, contarse dos veces.

Otro nuevo problema sobre el número de versos del célebre poema épico portugués, cuyo autor es Camoes:

¿Cuántos versos tiene Camoes en Los Lusitanos?

¡Aquel que responda que el inmortal poeta compuso ocho mil ciento catorce, juzgando en esta forma que acierta, se equivoca completamente!

Camoes presenta tan solo ocho mil ciento trece versos en *Los Lusitanos*, pues de los ocho mil ciento catorce se debe descontar un verso de Petrarca[6], incluido en la estrofa 78 del Canto IX.

---

[6] *El verso del lírico italiano es el siguiente: «Fra la spica e la man qual muro ho messo», y se corresponde con el proverbio portugués: «Da mao à boca se perde muitas vezes a sopa» (Entre la mano y la boca se pierde muchas veces la sopa).*

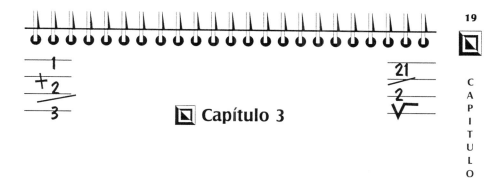

PRODUCTOS CURIOSOS

Algunos números, resultantes de la multiplicación de factores enteros, presentan sus dígitos dispuestos de un modo singular. Esos números, que aparecen en los llamados productos curiosos, han sido objeto de la atención de los matemáticos.

Citemos algunos ejemplos.

Tomemos el número 12345679 en el cual figuran, en orden de valor creciente, todos los números significativos, con excepción del ocho.

Multipliquemos ese número por los múltiplos de nueve, a saber: 9, 18, 27, 36, etc; y obtenemos:

$$12345679 \times 9 = 111111111$$
$$12345679 \times 18 = 222222222$$
$$12345679 \times 27 = 333333333$$
$$12345679 \times 36 = 444444444$$

Vemos que el producto corresponde a un número de nueve dígitos iguales.

Los productos que abajo indicamos contienen un factor constante igual a 9

$$9 \times 9 = 81$$
$$9 \times 98 = 882$$
$$9 \times 987 = 8883$$
$$9 \times 9876 = 88884$$

presentan también una particularidad. En ellos figura el dígito ocho repetido uno, dos, tres veces, etc., de acuerdo con el número de unidades de la última cifra a la derecha.

LA HERENCIA DEL HACENDADO

Un hacendado dejó como herencia a sus 4 hijos un terreno de forma cuadrada en el que había mandado plantar 12 árboles.

El terreno debía ser dividido en 4 partes geométricamente iguales, conteniendo cada una de ellas, el mismo número de árboles.

La figura II, a la derecha indica claramente cómo debía repartirse el terreno de modo que se obedecieran las exigencias impuestas por el hacendado.

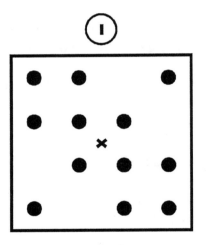

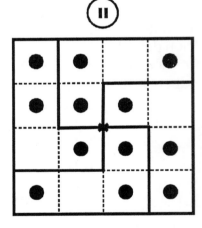

ORIGEN DEL SIGNO DE SUMA

El uso regular del signo más (+) aparece en la aritmética comercial de John Widman d´Eger, publicada en Leipzig en 1489.

Los antiguos matemáticos griegos, como se observa en la obra de Diofanto, se limitaban a indicar la suma yuxtaponiendo las partes –sistema que todavía hoy adoptamos, indicando la suma de un número entero con una fracción. Como signo para la operación + utilizaban los algebristas italianos la letra P, inicial de la palabra latina plus.

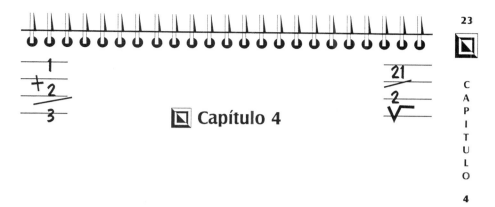

🔲 Capítulo 4

NÚMEROS AMIGOS

Ciertas propiedades relativas a los números enteros reciben denominaciones curiosas, que muchas veces sorprenden a los espíritus desprevenidos o no afectos a los estudios de las múltiples transformaciones aritméticas. Algunos matemáticos buscan dentro de la ciencia abrir amplios campos donde puedan hacer aterrizar –con la habilidad de grandes pilotos- las más extravagantes fantasías.

Citemos, para justificar nuestra afirmación, el caso de los llamados números amigos, que se estudian minuciosamente en varios compendios.

¿Cómo descubrir, se preguntará el lector, entre los números, aquellos que están atados por los lazos de esa amistad matemática? ¿De qué medios se sirve el geómetra para señalar, en la serie numérica, los números relacionados por la estima?

En dos palabras podemos explicar en qué consiste el concepto de números amigos en Matemática.

Consideremos, por ejemplo, los números 220 y 284.

El número 220 es divisible exactamente por los siguientes números:

1, 2, 4, 5, 10, 11, 20, 22, 44, 55 y 110

Son esos los divisores de 220, y menores que 220.

El número 284 es, a su vez, divisible exactamente por los siguientes números:

1, 2, 4, 71 y 142

Son esos los divisores de 284, y menores a 284.

Entonces, existe entre esos dos números una coincidencia realmente notable. Si sumáramos los divisores de 220 indicados arriba, obtendríamos una suma igual a 284; si sumáramos los divisores de 284, el resultado sería igual a 220. Por eso, dicen los matemáticos, que esos dos números son amigos.

Existe una infinidad de números amigos, pero hasta ahora sólo se han calculado 26 pares.

Tomemos por ejemplo el número 6, que es divisible por los números 1,2 y 3. La suma de esos números (1+2+3) es igual a 6. Por lo tanto llegamos a la conclusión de que el número 6 es amigo del mismo 6, o sea, que es amigo de sí mismo.

No faltó quien pretendiera inferir de este hecho que el número 6 es un número egoísta.[7]

Pero eso –como diría Kipling- es otra historia.

LA HIPÉRBOLA DE UN POETA

Guillermo de Almeida, uno de poetas brasileros más brillantes, tiene en su libro *Encantamiento* (p. 57) una poesía en la que incluye los siguientes versos:

Es como una serpiente,
corre suave y muestra,
entonces,
en hipérbolas lentas
siete colores violentos
sobre el piso.

La linda y original imagen sugerida por el talentoso académico no puede ser, lamentablemente, admitida en Geometría. Una hipérbola es una curva de segundo grado, constituida por dos ramas, mientras que una serpiente, a menos que sea partida en cuatro pedazos, jamás podrá formar *hipérbolas lentas sobre el piso.*

En *Carta a mi novia* encontramos una interesante expresión geométrica utilizada también por el laureado poeta:

---

[7] *Lea el artículo referido al título «Números perfectos», en este mismo libro.*

Es en el centro
de ese círculo que has de permanecer
como un punto;
punto final del largo y odiado cuento.

Para que alguna cosa pueda quedar en el centro de un círcu-lo, debe ser previamente, por supuesto, reducida a un punto pues, según afirman los matemáticos, el centro de un círculo es un punto...
Y en este *punto*, Guillermo de Almeida tenía razón.

LA MATEMÁTICA DE LOS CALDEOS

Ciertos documentos referidos a la Matemática de los Caldeos datan de 3000 a.C.[8], mientras que los documentos egipcios más antiguos son 1700 años anteriores a la era cristiana.
Los fragmentos que revelaron a la ciencia el desarrollo de la

Matemática en la famosa Babilonia son numerosos, es cierto, pero completamente aislados unos de otros.
Los caldeos adoptaban –y no existe ninguna duda al respec-to- un sistema de numeración que tenía por base el número 60, es decir, en el cual 60 unidades de un orden forman una unidad de orden inmediatamente superior. Y con tal sistema llegaban hasta el número 12.960.000 nada más, que corresponde a la cuarta potencia en base sesenta (60^4).
La Geometría de los caldeos y asirios tenía un carácter esen-cialmente práctico y era utilizada en los diversos trabajos rudi-mentarios de agrimensura.
Para determinar las áreas, sabían descomponer un terreno irregular en triángulos rectángulos, rectángulos y trapecios. Las áreas del cuadrado (como el caso particular del rectángulo), del triángulo rectángulo y del trapecio eran correctamente estable-cidas. Llegaron también (¡3000 años antes de Cristo!) a calcular el volumen del cubo, del paralelepípedo y, posiblemente, del cilindro[9].

---

[8] *Abel Rey.*
[9] *H. G. Zeuthen –* Historia de la Matemática

Es interesante señalar que en la representación de los carros asirios, las ruedas tenían siempre seis rayos opuestos diametralmente que formaban ángulos centrales iguales. Eso nos permite deducir que, con seguridad, los caldeos conocían el hexágono regular y sabían dividir la circunferencia en seis partes iguales. Cada una de estas partes de la circunferencia era dividida en sesenta partes también iguales (a causa del sistema de numeración) resultando la división total de la circunferencia en 360 partes o grados.

El que no conoce la matemática, muere sin conocer la verdad científica.

SCHELBACH

EL MOLINILLO DE FARADAY

Decía Faraday, el célebre químico: *La matemática es como un molinillo de café que muele admirablemente lo que se le da para moler, pero no devuelve otra cosa a no ser que se le dé.*

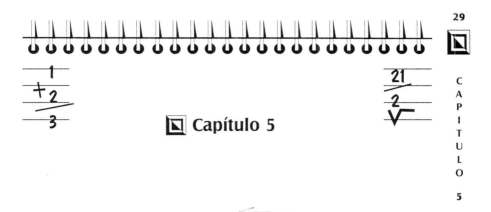

EL NÚMERO 142857

Cuando nos referimos a los *productos curiosos,* tratamos de destacar las particularidades que presentan ciertos números por la disposición de sus dígitos. El número 142857 es, en este sentido, uno de los más interesantes de la Matemática y puede ser incluido dentro de los llamados *números cabalísticos.*

Veamos las curiosas transformaciones que podemos efectuar con este número.

Si lo multiplicamos por 2, el producto será:

$$142857$$
$$\underline{\times\ 2\quad}$$
$$285714$$

Vemos que las cifras del producto son las mismas del número dado, escritas, sin embargo, en otro orden.

Efectuemos el producto del número 142857 por 3,

142857 x 3 = 428571

Una vez más observamos la misma particularidad: las cifras del producto son precisamente las mismas del número pero con una pequeña alteración en el orden.

Lo mismo ocurre aún cuando se multiplica el número por 4, 5 o 6.

142857 x 4 = 571428
142857 x 5 = 714285
142857 x 6 = 857142

Al llegar al factor 7 vamos a notar otra particularidad. ¡El número 142857 multiplicado por 7 da un producto formado por seis nueves!

999999

Prueben multiplicar el número 142857 por 8. El producto será:

$$
\begin{array}{r}
142857 \\
\times\ 8 \\
\hline
1142856
\end{array}
$$

Todas las cifras del número aparecen todavía en el producto, con excepción del 7. El 7 del número dado fue descompuesto en dos partes: 6 y 1. La cifra 6 quedó a la derecha y el 1 pasó a la izquierda para completar el producto.

Veamos ahora lo que ocurre cuando multiplicamos el número 142857 por 9:

$$
\begin{array}{r}
142857 \\
\times\ 9 \\
\hline
1285713
\end{array}
$$

Observen con atención ese resultado. La única cifra del multiplicando que no figura en el producto es el 4. ¿Qué habrá pasado con ese 4? Aparece descompuesto en dos partes: 1 y 3, colocadas en los extremos del producto.

Del mismo modo, podríamos verificar las anomalías que presenta el número 142857 cuando lo multiplicamos por 11,22,13,15,17,18, etc.

Algunos autores llegaron a afirmar que existe una especie de cohesión entre las cifras del número 142857 que no permite que esas cifras se separen.

Varios geómetras notables –Fourrey, E. Lucas, Rouse Ball, Guersey, Legendre y muchos otros- estudiaron minuciosamente las propiedades del número 142857.

Fourrey, en su libro *Récréations Arithmétiques,* presenta el producto del número 142857 por 327451. Al efectuar esa operación, notamos una interesante disposición numérica: las columnas de los productos parciales están formadas por cifras iguales.

Volvamos al número 142857 y determinemos el producto de este número por los factores 7, 14, 27, 28, etc., todos múltiplos de 7. He aquí los resultados:

$$142857 \times 7 \quad = 999999$$
$$142857 \times 14 = 1999998$$
$$142857 \times 21 = 2999997$$
$$142857 \times 28 = 3999996$$

Los resultados presentan una disposición muy interesante. El primer producto es un número formado por seis cifras iguales a 9, en el segundo producto aparecen solamente cinco cifras iguales a 9, mientras que el sexto fue *descompuesto* en dos partes que fueron a ocupar los extremos del resultado. Y así podemos continuar.

¿De dónde surge matemáticamente ese número 142857?

Si convertimos la fracción ordinaria

$$\frac{1}{7}$$

en número decimal, vamos a obtener un decimal periódico simple cuyo período es precisamente 142857. Quien haya estudiado fracciones ordinarias y decimales podrá comprender fácilmente que las fracciones ordinarias

$$\frac{2}{7} \quad \frac{3}{7} \quad \frac{4}{7} \quad \frac{5}{7} \quad y \quad \frac{6}{7}$$

al ser convertidas en decimales darán también periódicos simples, cuyos períodos están formados por las cifras 1, 4, 2, 8, 5, y 7 que aparecerán en cierto orden, de acuerdo con el valor del numerador. He aquí una explicación simple de la famosa *cohesión* aritmética supuesta por algunos investigadores.

Para los antiguos matemáticos, el número 142857 era *cabalístico*, con propiedades *misteriosas*; sin embargo, estudiándolo desde el punto de vista matemático, no es más que un período en una proporción decimal periódica simple.

El mismo caso ocurre con los decimales obtenidos con las fracciones

$$\frac{1}{17} \quad \frac{1}{23} \quad \text{etc.}$$

El número 142857, que algunos algebristas denominaron *número impertinente*, no es entonces el único que presenta esta particularidad con relación a la permanencia de las cifras en los diversos productos.

EL ORIGEN DE LA GEOMETRÍA

Los historiadores griegos, sin excepción, tratan de ubicar el nacimiento de la Geometría en Egipto y atribuyen a los habitantes del valle del Nilo la invención de esa ciencia. Las periódicas inundaciones del célebre río obligaron a los egipcios a estudiar Geometría porque una vez terminado el período de la gran crecida, cuando las aguas volvían a su curso normal, era necesario volver a repartir las tierras, atormentando la inteligencia de ciertas aves de rapiña, y entregar a los señores las antiguas propiedades perfectamente delimitadas. La pequeña franja de tierra, rica y fértil, era disputada por muchos interesados; se realizaban las mediciones en forma rigurosa para que cada uno, sin perjudicar a nadie, recuperase la posesión de sus dominios.

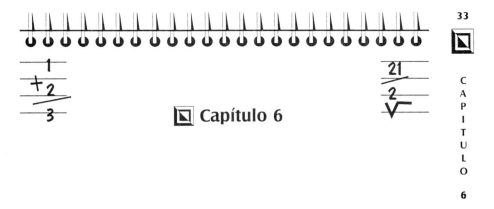

▣ Capítulo 6

ANIMALES QUE CALCULAN
Cecil Thiré [10]

Leroy era un observador curioso que quería concluir con seguridad, luego de realizar varias experiencias, que ciertos animales pueden contar sin equivocarse hasta 5.

He aquí el artificio empleado por Leroy.

Habiendo verificado que los cuervos nunca vuelven al nido cuando hay alguien en los alrededores, hizo construir una choza a poca distancia de un nido de cuervos.

El primer día, Leroy ordenó que un hombre entrara en la choza y observó que los cuervos no regresaban al nido hasta que el hombre la hubiese abandonado.

El segundo día, se hizo la experiencia con 2 hombres; los cuervos esperaban que los 2 hombres abandonaran el improvisado escondite. Ese mismo resultado se obtuvo sucesivamente los días siguientes con 3, 4 y 5 hombres.

Estas experiencias demostraron claramente que los cuervos contaban los hombres, no sólo cuando entraban, sino después, cuando salían de la choza por pequeños intervalos.

Con 6 hombres no pasó lo mismo; los cuervos se equivocaron en la cuenta –para ellos demasiado complicada- y volvieron al nido cuando la choza todavía abrigaba alguno de los emisarios de Leroy.

Los perros y los elefantes están igualmente dotados de admirable nivel de inteligencia. El filósofo inglés Spencer cita, en su libro *La Justicia*, a un perro que contaba hasta 3.

---

[10] *Del libro Matemática – 1er año, de Cecil Thiré y Melo e Souza.*

Lucas, en sus originalísimas *Récréations Mathématiques* nos presenta un caso bastante singular. Se trata de un chimpancé del Jardín Zoológico de Londres que aprendió a contar hasta 5.

LA FORMA DEL CIELO

El cielo debe ser necesariamente esférico, pues la esfera, al ser generada por la rotación del círculo es, entre todos los cuerpos, el más perfecto.

Aristóteles

CÁLCULO DE NEPTUNO
Fernandes Costa

Leverrier revisó
un complicado problema
y más de un planeta previó
dentro de nuestro sistema.

Y como así lo estudiara,
al conocer su movimiento,
le ordenó que brillara
en un punto del firmamento.

El telescopio dispuesto
hacia el cielo surgió
Y en el lugar establecido
Neptuno se presentó.

Le Verrier, de acuerdo con los consejos de Arago, resolvió abordar la solución de ese famoso problema astronómico. El sabio francés, que era todavía muy joven, pues apenas tenía 35 años, supo desde luego orientar sus investigaciones en el rumbo apropiado.

Y para abordar la cuestión, resolvió atribuir las perturbaciones de Urano a un astro cuya posición en el cielo era preciso determinar.

Le Verrier, desconociendo aún la veracidad de los resultados, escribió:

¿Será posible establecer en el cielo un punto donde los astrónomos puedan reconocer el cuerpo extraño, origen de tantas dificultades? [11]

Algunos meses después se encontró con la solución. El día 1º de junio de 1846, Le Verrier presentaba, ante la Academia Francesa, las coordenadas celestes del planeta que perturbaba a Urano. ¿Existía realmente aquel astro que Le Verrier había calculado y que nadie había visto hasta entonces? La Academia recibió con cierta desconfianza la afirmación presentada por el joven matemático.

Galle, astrónomo del Observatorio de Berlín, no tanto por convicción, sino más bien para atender el pedido de Le Verrier, buscó observar la porción de la bóveda celeste donde debía encontrarse el *planeta desconocido* y verificó que allí existía un astro que correspondía exactamente a las estimaciones del sabio francés, como si hubiera sido *hecho a medida*. Este astro recibió el nombre de Neptuno.

Tal resultado, más allá de representar un incomparable triunfo para la Mecánica Celeste, logró demostrar la asombrosa fecundidad de las leyes físicas cuando se las emplea adecuadamente.

LOS INVENTOS DE LA MATEMÁTICA
La matemática presenta inventos tan sutiles que podrían servir no solamente para satisfacer a los curiosos, sino también para ayudar a las artes y ahorrarle trabajo a los hombres.

DESCARTES

[11] *H. Vokringer – Les étapes de la physique, 1929, p 196*

EL BILLETE DE CIEN PESOS

Un individuo entro en una zapatería y compró un par de zapatos de $ 60, entregando como pago un billete de $ 100.

El zapatero, que no tenía cambio en ese momento, mandó a un empleado para que consiguiera cambio en una confitería cercana. Una vez conseguido el dinero, entregó al cliente su vuelto y el par de zapatos que había adquirido.

Momentos después, apareció el dueño de la confitería exigiendo la devolución de su dinero: ¡el billete era falso! Y el zapatero se vio forzado a devolver los cien pesos que había recibido.

Finalmente, surge una duda: ¿cuál fue la pérdida del zapatero en este complicado negocio?

La respuesta es simple y fácil. Mucha gente sin embargo quedará confundida sin saber cómo resolver la cuestión.

El zapatero perdió $ 40 y un par de zapatos.

UN PLANETA DESCUBIERTO POR CÁLCULO

A mediados del siglo XIX los astrónomos habían verificado, en forma indiscutible, que el planeta Urano presentaba ciertas irregularidades en su movimiento. ¿Cómo explicar la causa de esas irregularidades?

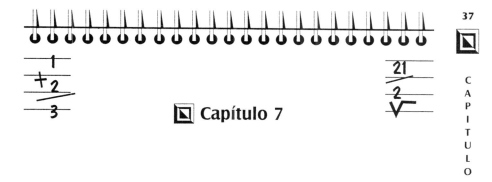

◨ **Capítulo 7**

EL ORIGEN DEL SIGNO DE LA RESTA

Es interesante observar las diferentes formas por las que pasó el signo de la resta y las diversas letras que los matemáticos usaron para indicar la diferencia entre dos elementos.

En la obra de Diofanto, entre las abreviaturas que constituían el lenguaje algebraico del autor, se encuentra la letra griega ø indicando la resta. Esta letra era usada por el famoso geómetra de Alejandría como signo de operación invertida y truncada.

Para los hindúes –como se encuentra en la obra de Bhaskara[12]- el signo de la resta era un simple punto colocado debajo del coeficiente del término que servía como sustraendo.

La letra M –y a veces también m - fue usada durante un largo período para indicar la resta por los algebristas italianos. Luca Pacioli, además de usar la m, colocaba entre los términos de la resta la expresión DE abreviatura de *demptus*.

A los alemanes se les debe la introducción del signo menos (–) atribuido a Widman. Algunos autores piensan que el símbolo –, tan vulgarizado y tan simple corresponde a la forma límite que tendería la m cuando se la escribe rápidamente. Además Viète –considerado el fundador del Algebra Moderna - escribía el signo = entre dos cantidades cuando quería indicar la diferencia entre ellas.

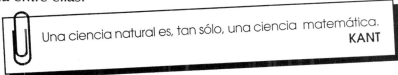

Una ciencia natural es, tan sólo, una ciencia matemática.
KANT

---

[12] *Bhaskara – famoso astrónomo y matemático hindú. Vivió en el siglo XII.*

EL PROBLEMA DEL TABLÓN

Un carpintero posee un tablón de 0.80 m de largo y 0.30 m de ancho.

Quiere cortarlo en dos pedazos iguales para obtener una pieza rectangular que tenga 1.20 m de largo y 0.20 m de ancho.

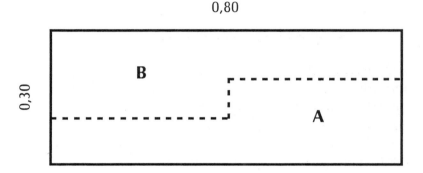

Solución

El tablón debe ser cortado, como indica la línea punteada, en los pedazos A y B; y esos pedazos deberán ser dispuestos según indica la figura.

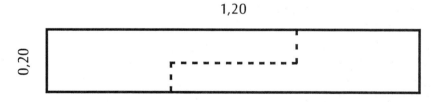

PRECOCIDAD

Blas Pascal, a los 16 años de edad, escribió un tratado sobre las formas cónicas, considerado uno de los fundamentos de la Geometría Moderna.

Evaristo Galois, a los 15 años, describía y comentaba las obras de Legendre y Lagrange.

Alexis Clairaut, a los 10 años, estaba capacitado para leer y comprender las obras sobre cálculos del Marqués de l´Opitar.

LOS GRANDES GEÓMETRAS

PLATON - Geómetra y filósofo griego. Nació en Atenas en el año 430 a.C. y murió en el año 347 a.C. Primero estudió en Egipto y más tarde entre los pitagóricos. Introdujo el Método Analítico en Geometría y el estudio de las secciones cónicas y la doctrina de los lugares geométricos. Llamó a Dios *el Eterno Geómetra* y mandó escribir sobre la puerta de su Academia *No entre aquí quien no sepa Geometría.*

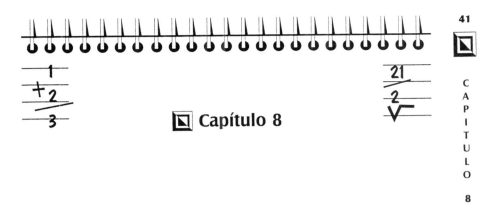

🔲 Capítulo 8

UNA RESTA HECHA HACE MÁS
DE DOS MIL AÑOS

Vamos a mostrar cómo se hacía una resta de números enteros en el año 830.

Para que el lector pueda acompañar fácilmente todas las operaciones vamos a emplear, al representar los números, la notación moderna.

Al número 12025 restaremos 3604.

La operación se iniciaba por la izquierda (operación I). Decimos: de 12 extraemos 3 y quedan 9; tachamos los números considerados y escribimos el resto obtenido sobre el minuendo. (ver figura).

Continuamos: a 90 le quitamos 6 y quedan 84.

La diferencia obtenida (operación II) se escribe sobre el minuendo y los números que formaban los términos de la resta se tachan.

Finalmente: a 8425 le quitamos 4 y quedan 8421 (operación III)

Es ésta la diferencia entre los números dados.

Es así como Mohamed Ben Musa Alkarismí, geómetra árabe, uno de los sabios más notables del siglo IX, realizaba una resta de números enteros.[13]

¡Complicado! ¿No?

ILUSIÓN

Cualquier persona que observe la ilustración siguiente será capaz de pensar que la figura del hombre es la más alta de las tres.

¡Qué engaño! Las tres tienen la misma altura.

---

[13] Cf. *Rey Pastor* – Elementos de Aritmética – *Madrid, 1930.*

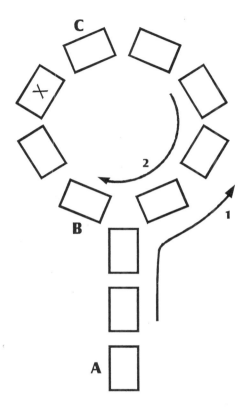

ADIVINANDO CON LA MATEMÁTICA

Coloque en la mesa varias cartas dispuestas como indica la figura. Algunas cartas (3, por ejemplo) se colocan en línea recta, y la otras forman una curva que se cierra sobre la línea formada por las primeras.

Hecho esto, se le pide a la persona que piense un número cualquiera y que cuente, a partir de la carta A, tantas cartas como unidades tenga ese número y, que a partir de la última carta obtenida, retroceda en el camino indicado por la flecha 2, tantas cartas como unidades tenga el número pensado.

Podemos *adivinar* inmediatamente la carta a la que la persona llegó sin conocer el número y sin mirar mientras se realizan las operaciones.

Vamos a suponer, por ejemplo, que la persona haya pensado en el número 8. Contando 8 a partir de A (flecha 1) irá a parar a la carta C. Retrocediendo 8 cartas a partir de C (siguiendo la flecha 2), irá a parar definitivamente a la carta indicada por una cruz.

Para descubrir la carta final se deben contar, a partir de B tantas cartas como aquellas que estuvieran en línea recta fuera de la curva.

Siempre conviene hacer una modificación después de cada *adivinación*, no solamente el número de cartas dispuestas en línea recta, sino también el número de cartas que forman la curva.

ORIGEN DEL SIGNO DE MULTIPLICAR

El signo por (x) con el que indicamos la multiplicación es relativamente moderno. El matemático inglés William Oughtred lo empleó por primera vez en el libro *Clavis Matematicae* publicado en 1631. Todavía en ese tiempo, Harriot colocaba un punto entre los factores para indicar el producto a efectuar.

En 1637, Descartes ya se limitaba a escribir los factores yuxtapuestos indicando, de ese modo abreviado, un producto cualquiera. En la obra de Leibniz se encuentra el símbolo Ç para indicar la multiplicación; ese mismo símbolo colocado de modo inverso indicaba la división.

LA PLAZA CUADRANGULAR

Un propietario poseía un terreno ABCD con la forma exacta de un cuadrado. Vendió 1/4 del mismo, y ese 1/4 AGFE tenía también la forma de un cuadrado.

La parte restante debía ser repartida en cuatro partes que fueran iguales en forma y tamaño.

¿Cómo resolver el problema?

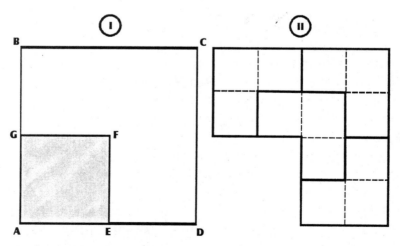

La figura II indica claramente la solución.

EL SÍMBOLO DE LOS PITAGÓRICOS
Rouse Ball

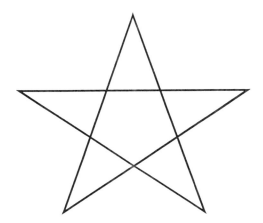

Jámblico, a quien debemos la revelación de este símbolo,[14] cuenta que estando de viaje cierto pitagórico se enfermó en la posada donde paró para pasar la noche. Era pobre y estaba cansado, pero el posadero, hombre bondadoso, lo atendió amorosamente e hizo todo lo posible para que recuperara la salud. No obstante, a pesar de sus desvelos, el enfermo empeoraba. Al darse cuenta de que iba a morir y no pudiendo pagar lo que le debía al posadero, el enfermo pidió una tablilla y en ella trazó la famosa estrella simbólica. Se la mostró al posadero y le pidió que la colocara en la puerta para que pudiera ser vista por los transeúntes, asegurándole que llegaría el día en que su caridad sería recompensada. El estudioso murió, se lo enterró convenientemente y la tablilla continuó expuesta según su deseo.

Había pasado un largo tiempo cuando un día el sagrado símbolo atrajo la atención de un viajante que pasaba por la posada. Apeándose, entró y después de haber oído el relato del posadero, lo recompensó generosamente.

Tal es la anécdota de Jámblico. De no ser cierta, por lo menos es curiosa.

---

[14] *El símbolo de los pitagóricos era un pentágono regular en forma de estrella*

LA MATEMÁTICA
Pedro Tavares

La Matemática no es exclusivamente el instrumento destinado a explicar los fenómenos de la naturaleza, es decir, las leyes naturales. No, ella posee también un valor filosófico del que además nadie duda; un valor artístico, o mejor dicho, estético, capaz de conferirle el derecho a ser desarrollada por sí misma, tales son las numerosas satisfacciones y júbilos que esa ciencia nos proporciona. Ya los griegos tenían en elevado grado el sentimiento de la armonía de los números y la belleza de las formas geométricas.

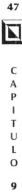

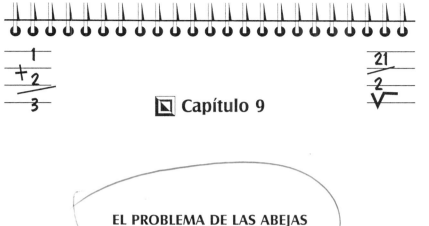

🔲 **Capítulo 9**

EL PROBLEMA DE LAS ABEJAS

Afirma Maeterlinck, en su famoso libro sobre las abejas, que esos animales, al construir sus panales, resuelven un problema de *alta matemática*.

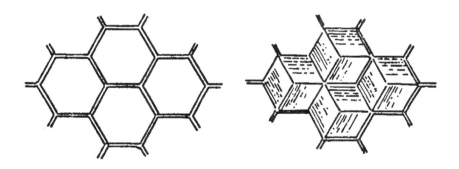

En esta afirmación hay un poco de exageración por parte del escritor belga: el problema que resuelven las abejas puede ser tratado, sin gran dificultad, con los recursos de la Matemática Elemental.

No obstante, no nos importa saber si el problema es elemental o trascendente; la verdad es que esos pequeños y laboriosos insectos resuelven un muy interesante problema mediante un artificio que llega a deslumbrar a la inteligencia humana.

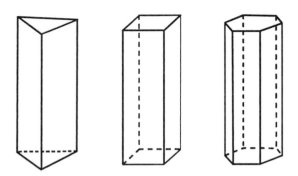

Todos saben que la abeja construye sus panales para depositar en ellos la miel que fabrica. Estos panales están hechos de cera. La abeja busca obtener una forma de panal que sea la más económica posible, es decir que presente el mayor volumen para la menor porción de material empleado.

Es necesario que la pared de un panal sirva también al panal vecino. Por lo tanto, el panal no puede tener forma cilíndrica, pues de lo contrario cada pared sólo serviría para una celda.

Las abejas buscaron la forma de un prisma para sus celdas. Los únicos prismas regulares que pueden ser superpuestos sin dejar intersticios son: el triangular, el cuadrangular o el hexagonal. Las abejas eligieron el último. ¿Saben por qué? Porque entre los tres prismas regulares A, B y C, construidos con cera, el hexagonal es el de mayor volumen.

He aquí el problema resuelto por las abejas.

Dados tres prismas regulares de la misma altura A (triangular), B (cuadrangular), C (hexagonal), teniendo la misma área lateral, ¿cuál es el de mayor volumen?

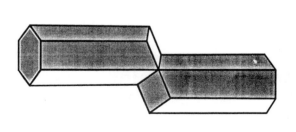
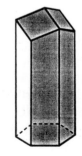

Una vez determinada la forma de los panales era necesario cerrarlos, es decir, determinar la forma más económica de cubrirlos. Se adoptó la siguiente forma: el fondo de cada celda se construye con tres rombos iguales[15].

Maraldi, astrónomo del observatorio de París, determinó experimentalmente y con absoluta precisión, los ángulos de ese rombo y descubrió 109° 28' para el ángulo obtuso y 70° 32' para el ángulo agudo.

El físico Réaumur, suponiendo que las abejas se guiaban por un principio de economía, le propuso al geómetra alemán Koening, en 1739, el siguiente problema:

De todas las células hexagonales cuyo fondo está formado por tres rombos, determinar aquella que pueda ser construida con una mayor economía de material.

Koening, que no conocía los resultados obtenidos por Maraldi, determinó que los ángulos del rombo del panal *matemáticamente más económico* debían ser: 109° 26' para el ángulo obtuso y 70° 34' para el ángulo agudo.

La concordancia entre las mediciones hechas por Maraldi y los resultados calculados por Koening era pasmosa. Los geómetras llegaron a la conclusión de que las abejas cometían un error de 2' en el ángulo del rombo de cierre, cuando construían sus panales[16].

Si bien las abejas cometían un error, los hombres de ciencia concluyeron que, entre la celda que ellas construían y aquella que era calculada *matemáticamente* existía una diferencia extremadamente pequeña.

¡Hecho curioso! Algunos años después (1743), el geómetra Mac Laurin retomó el problema y demostró que Koening se había equivocado y que el resultado era precisamente el de los ángulos dados por Maraldi –19° 28' y 70° 32'.

Las abejas tenían razón. ¡El matemático Koening se había equivocado!

La Matemática es una ciencia poderosa y bella; problematiza al mismo tiempo la armonía divina del Universo y la grandeza del espíritu humano.

F. GOMES TEIXEIRA

---

[15] *La adopción del fondo romboidal provoca, sobre el fondo plano, una economía de un alvéolo cada 50 que serán construidos.*

[16] *Dicha diferencia es tan pequeña que solo puede ser apreciada con la ayuda de instrumentos de precisión.*

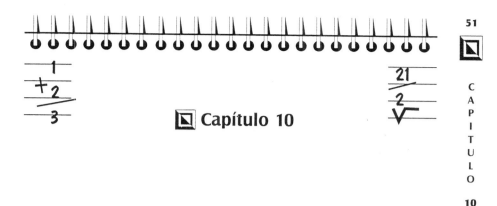

□ **Capítulo 10**

EL EMPLEO DE LAS LETRAS EN EL CÁLCULO
Almeida Lisboa

Los griegos ya empleaban letras para designar números e incluso objetos. Es con los griegos que surgen los primeros indicios de cálculos numéricos realizados empleando *letras*. Diofanto de Alejandría (300 a.C.) empleaba la *abreviatura* de las letras, pero sólo tenía un simbolismo perfectamente sistematizado para una cierta cantidad, para sus potencias hasta la sexta y para las inversas de esas potencias. En general, los griegos representaban las cantidades con líneas, determinadas por una o dos letras y ponderadas como en geometría.

Los cálculos con letras son más abundantes en los autores hindúes que en los griegos. Los árabes de Oriente empleaban símbolos algebraicos a partir de la publicación de *Aljebr walmukâbala* de Alkarismí (siglo IX) y los árabes de Occidente, a partir del siglo XII; en el siglo XV, Alcasâdi, introdujo nuevos símbolos.

El álgebra moderna sólo adquiere carácter propio e independiente de la Aritmética, a partir de Viète, que sistemáticamente sustituye el Algebra numérica por el Algebra de los símbolos.

Viète no usaba el término Algebra y sí, Análisis, para designar

La ciencia, por el camino de la exactitud, sólo tiene dos ojos: La Matemática y la Lógica.
DE MORGAN

esa parte de la ciencia matemática donde se destaca su nombre.

Antaño, se atribuía el origen de la palabra Algebra al matemático árabe Geber; en verdad, el origen se encuentra en la operación que los árabes denominaban *aljebr*.

LOS GRANDES GEÓMETRAS

PITAGORAS - Matemático y filósofo griego. Nació seis siglos a.C. en la isla de Samos. Fundó en Crotona, al sur de Italia, una escuela filosófica que llegó a ser muy famosa. Sus discípulos se denominaban los pitagóricos. Existen muchas leyendas sobre la vida de Pitágoras. Murió, en el año 470 a.C, asesinado en Tarento durante una revolución política.

 Capítulo 11

LA MATEMÁTICA EN LA LITERATURA, CÍRCULOS Y EJES

Es interesante observar las formas curiosas e imprevistas que dan los escritores y poetas a las expresiones matemáticas que emplean, indiferentes de las preocupaciones científicas. Muchas veces, para no sacrificar la elegancia de una frase, el escritor modifica un concepto puramente matemático, presentándolo bajo un concepto que dista mucho de ser riguroso y exacto. Dependiendo de las exigencias métricas, el poeta no evitará también menospreciar todos los fundamentos de la vieja Geometría.

No solamente las fórmulas algebraicas sino también muchas proposiciones algebraicas visten los esqueletos de sus formas con la indumentaria de la literatura.

Ciertos escritores inventan, algunas veces, comparaciones tan absurdas que provocan la risa de los que cultivan la ciencia de Lagrange. Veamos, por ejemplo, como el señor Elcias Lopes, en su libro *Tela de Araña*[17], describe la tarea complicada de un arácnido:

A medida que los husos se desenrollan, al entretejer aquella caprichosa puntilla de filigranas, aumentan, se amplían y abultan los círculos concéntricos, superpuestos unos sobre los otros, en una simetría admirable y unidos entre sí por una lluvia de rayos convergentes en un eje central.

Este largo período, que parece enredado en la trama de la propia tela, no tiene ningún sentido para el matemático. Aque-

---

[17] *Elcias Lopes* – Tela de araña, *p. 12.*

llos *círculos concéntricos superpuestos* forman una figura que no puede ser definida en Geometría. ¡Y cómo podríamos admitir círculos concéntricos superpuestos en una admirable simetría! El señor Elcias no ignora que la araña utiliza, para construir la tela, principios de la Resistencia de los Materiales relativos a la distribución más económica de las fuerzas dentro de un sistema en equilibrio.

Y además, la araña al construir figuras homotéticas, demuestra poseer ese *espíritu geométrico* que el naturalista Huber, genovés, quería atribuir a las abejas. Una araña sería, entonces, incapaz de concebir *círculos concéntricos simétricos*. ¿Simétricos con relación a qué? ¿A un punto? ¿A una recta?.

Según el autor de la *Tela de Araña*, los *círculos concéntricos* admiten un eje central ¡en el que convergen sus radios! A este respecto le pedimos a un profesor de Dibujo que hiciera una figura formada por *círculos concéntricos superpuestos en una admirable simetría y unidos entre sí por una lluvia de rayos convergentes a un eje central.* El profesor confesó, lógicamente, que era incapaz de reproducir esta figura por el simple hecho de que no la podía imaginar.

Cualquier estudiante inexperto sabe que un eje no puede ser un punto. La noción de eje es simple, elemental, casi intuitiva. Observemos ahora la definición dada por el ilustre padre Augusto Magne [18]:

Eje es el punto sobre el cual se mueve un cuerpo que gira.

El eminente sacerdote y filólogo que formuló esta definición estaba lejos de imaginar que podría ser, más tarde, pasada por la mira severa del rigor matemático. La definición de eje como punto es totalmente equivocada e inaceptable.

TALES Y LA ANCIANA

He aquí uno de los muchos episodios anecdóticos atribuidos a Tales:

Una noche paseaba el filósofo completamente absorto en la contemplación de las estrellas y, no habiendo prestado atención al terreno que pisaba, cayó descuidadamente en un gran pozo. Una anciana, que casualmente observaba la infortunada caída

---

[18] *Padre Augusto Marne, S.J.* – Revista de Filología e historia – *tomo I, fascículo IV, p. 16.*

de Tales, le dijo: *Cómo queréis, ¡oh sabio!, aprender lo que pasa en el cielo si ni siquiera sois capaz de saber lo que ocurre a vuestros pies.*

I V X L C D C�D OO

NÚMEROS ROMANOS

ILUSIÓN ÓPTICA

Le pedimos al lector que observe con atención la figura de abajo, en la que aparece un cuadrilátero formado por dos paralelogramos. En cada uno de esos paralelogramos se ha trazado una diagonal.

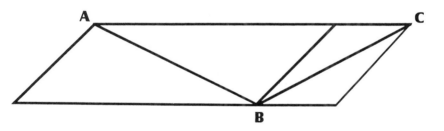

¿Cuál de las dos diagonales AB y BC es la mayor?

La figura parece demostrar que AB es mayor que BC. Pero es un error, consecuencia de una ilusión óptica. Los segmentos AB y BC son exactamente iguales.

LA FINALIDAD DE LA CIENCIA
El fin último de la Ciencia es honrar el espíritu humano, y finalmente, es tan valiosa una cuestión referida a la teoría de los números como al sistema del mundo.

JACOBI

EL PROBLEMA DE LA PILETA DE NATACIÓN

Un club disponía de una pileta de natación de forma cuadrada, que tenía en cada vértice A, B, C, y D, un poste de alumbrado.

La dirección del club resolvió agrandar la pileta de natación, haciéndola dos veces más grande sin cambiar su forma, es decir, manteniendo el cuadrado.

La ampliación debía ser realizada sin alterar la posición de los postes que continuarían al borde de la pileta.

En la figura, el cuadrado MPAS indica el diseño de la nueva pileta de natación después de la ampliación.

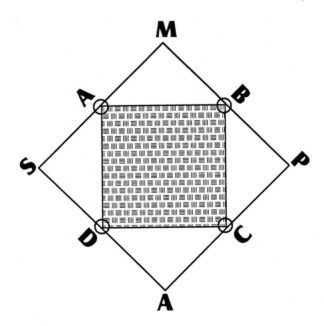

NÚMEROS GRIEGOS ANTIGUOS

LOS GRANDES GEÓMETRAS

ARISTÓTELES - Nació en Macedonia en el año 384 a.C. Fue maestro y amigo de Alejandro, y dejó un gran número de obras de historia Natural, Lógica, Física, Matemática, Política, etc. A menudo se cita el nombre de Aristóteles en representación del espíritu filosófico y científico. Las obras de Aristóteles, después de la muerte del filósofo, permanecieron olvidadas doscientos años.

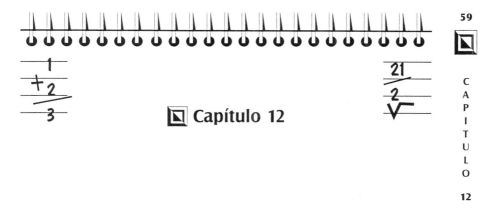

CURIOSA DISPOSICIÓN

Tomemos el cuadrado de 4 y el cuadrado de 34.

$$4^2 = 16$$
$$34^2 = 1156$$

Notemos una curiosa disposición: para pasar de 16 (cuadrado de 4) a 1156 (cuadrado de 34), basta con colocar el número 15 entre los números 1 y 6.

Probemos ahora colocar entre las cifras del cuadrado de 34, es decir entre las cifras de 1156 el número 15. Vamos a formar de este modo el número 111.556 que es precisamente el cuadrado de 334.

No vale la pena continuar con nuestra investigación. Hemos descubierto una curiosa disposición que presentan las cifras que forman los cuadrados de los números 4, 34, 334, 3334, etc.

Cada uno de ellos es obtenido por la intercalación del número 15 entre las cifras del anterior. He aquí los resultados:

$$4^2 = 16$$
$$34^2 = 1156$$
$$334^2 = 111556$$
$$3334^2 = 11115556$$

¿Será posible encontrar formaciones semejantes para otras series de cuadrado? Vale la pena, por ejemplo, probar con 7, 67, 667, etc.

UN PAPA GEÓMETRA

Gerbert, famoso geómetra, arzobispo de Ravena, ascendió al trono de San Pedro en el año 999.

Este hombre, señalado como uno de los más sabios de su tiempo, llevó el nombre de Silvestre II, dentro de la serie de los papas. Fue el primero en popularizar, en el Occidente latino, el empleo de las cifras arábigas.

Falleció en el año 1003.[19]

CÍRCULOS DIFERENTES

El problema propuesto es el siguiente:

Con la misma abertura del compás trazar cuatro círculos diferentes.

La figura de abajo muestra claramente cómo se debe proceder para llegar a la solución deseada.

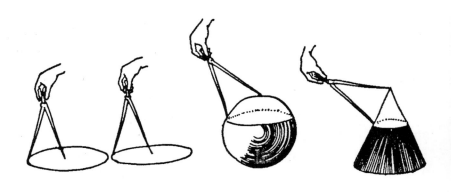

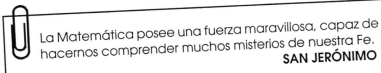

La Matemática posee una fuerza maravillosa, capaz de hacernos comprender muchos misterios de nuestra Fe.

SAN JERÓNIMO

---

[19] *Artículo del Padre Leonel Franca, S.J., en el libro* Matemática, *2do año, de thiré y Melo e Souza.*

Capítulo 13

LAS NOVENTA MANZANAS

Un campesino tenía tres hijas y, queriendo poner a prueba la inteligencia de las jóvenes, las llamó diciendo:

- Aquí están las manzanas que deberán vender en el mercado. María, que es la mayor, llevará 50; Clara recibirá 30 y Lucía se quedará con las 10 restantes. Si María vende 7 manzanas por $1, las otras deberán vender al mismo precio, es decir, 7 manzanas a $1; el asunto debe ser resuelto de modo que las tres reciban la misma cantidad.

- Y, ¿no puedo regalar alguna de las manzanas que tengo?, preguntó María.

- De ninguna manera –contestó el campesino-. La condición que impongo es esa: María debe vender 50.Clara 30 y Lucía sólo podrá vender 10. Y al precio que María venda, deberán vender las otras. Hagan la venta de modo que finalmente reciban cantidades iguales.

Como las muchachas se sintieron confusas, resolvieron consultar el complicado problema con un maestro de escuela que vivía en las cercanías.

Este, después de meditar algunos minutos, dijo:

- Este problema es muy simple. Vendan las manzanas de acuerdo con lo que su padre determinó y llegarán al resultado que les pidió.

Las jóvenes fueron al mercado y vendieron las manzanas; María vendió 50, Clara vendió 30 y Lucía 10. El precio fue el mismo para todas y cada una recibió la misma cantidad.

¿Puede deducir el lector de qué modo las muchachas resolvieron el problema?

Solución:

María comenzó la venta fijando el precio de 7 manzanas un *tostón*. De ese modo vendió 49 manzanas, y se quedó con una de resto, y recibió en esta primera venta 700 *reis*. Clara, obligada a ceder las manzanas por el mismo precio, vendió 28 manzanas por 400 *reis*, y se quedó con dos. Lucía que disponía de 10 manzanas, vendió 7 a un *tostón* y se quedó con 3.

A continuación María vendió la manzana que le quedaba en 300 *reis*, Clara de acuerdo a la condición impuesta vendió las dos manzanas que le quedaban a 300 *reis*, obteniendo 600 *reis*, y Lucia vendió las tres que le quedaban en 900 *reis*.

Terminado el negocio, como es fácil verificar, cada una de las muchachas recibió $100.

SUPERFICIE Y RECTA

Los conceptos de *superficie* y *recta*, que los geómetras aceptan sin definición, aparecen en el lenguaje literario como si tuviesen el mismo significado. Del libro *Veneno Interior*, del reconocido escritor y filósofo Carlos da Veiga y Lima, destacamos el siguiente aforismo:

El alma es una superficie para nuestra visión –línea recta al infinito.

Este pensamiento, analizado desde el punto de vista matemático, es incomprensible. Si *el alma es una superficie para nuestra visión*, en ningún caso puede ser una línea recta al infinito. Los algebristas demuestran realmente la existencia de una recta cuyos puntos están infinitamente alejados de nuestro universo y, que a causa de ciertas propiedades, se denomina *recta del infinito*. Es posible que el Dr. Veiga Lima hubiese querido comparar el alma con esta recta del infinito. En este caso, sin embargo, sería conveniente abandonar la superficie y adaptar el alma a una especie de Geometría *filosófica* unidimensional.

El plano, que es la más simple de las superficies, se caracteriza a través de postulados. Los escritores –que jamás leyeron a Legendre u hojearon a Hadamard- atribuyen al plano propiedades indemostrables para el geómetra. Peregrino Júnior, en su libro *Pussanga*, dice lo siguiente (pag 168):

El paisaje obedece a la monotonía de planos geométricos invariables.

¿Cómo podríamos definir un plano geométrico invariable? ¿Por su posición en relación con puntos fijos determinados o por la propiedad de las figuras que sobre él se tracen?

Además, conviene recalcar que la impropiedad en el lenguaje que señalamos en Peregrino Júnior no llega a constituir un error en Matemática. ¿No vemos acaso que Euclides da Cunha, escritor e ingeniero, habla de un *círculo irregular* –expresión sin sentido para el geómetra?

PARADOJA GEOMÉTRICA
64 = 65

Tomemos un cuadrado con 64 casillas y descompongamos ese cuadrado, según indica la figura, en trapecios rectángulos y en triángulos.

Uniendo esos trapecios y triángulos, como observamos en la figura, vamos a obtener un rectángulo de 13 casillas de base por 5 de altura, es decir un rectángulo de 65 casillas.

Debido a que el rectángulo de 65 casillas se formó con las partes en que descompusimos el cuadrado, el número de casillas del rectángulo debe ser precisamente igual al número de casillas del cuadrado. Por lo tanto tenemos que:

$$64 = 65$$

Igualdad que representa un absurdo.

LA NOCIÓN DE INFINITO
La noción de infinito, que debe ser necesariamente convertido en un misterio matemático, se resume en el siguiente principio: después de cada número entero existe siempre otro.

J. TANNERY

La sutileza de este sofisma consiste en lo siguiente: las partes en que se descompuso el cuadrado no forman precisamente un rectángulo. Por la posición en que debían quedar, los dos segmentos que forman la supuesta *diagonal* del rectángulo no son colineales.

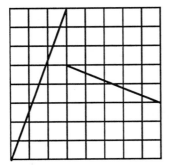 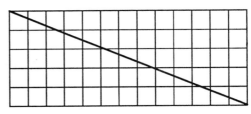

Hay una pequeña diferencia en el ángulo, y entre las dos líneas debía quedar un intervalo vacío equivalente precisamente a una casilla.

LAS COSAS SON NÚMEROS
Emile Picard

Se asocia con el nombre de Pitágoras, la explicación de todo a través de los números, y una célebre fórmula de su escuela, que era toda una metafísica, decía *las cosas son números.* Al mismo tiempo se constituye la Geometría; sus progresos incesantes hacen de ella, poco a poco, el tipo ideal de ciencia, donde todo es perfectamente inteligible, y Platón escribe, en la entrada de su Academia: *No entre aquí quien no sea geómetra.*

NÚMEROS PERFECTOS

La denominación de *número perfecto* se atribuye a un número entero cuando dicho número es igual a la suma de sus propios divisores –excluyendo por supuesto dentro de esos divisores al propio número.

---

[20] *Eduardo Lucas* – Théorie des nombres, *1891, p. 376.*

Así por ejemplo, el número 28, presenta cinco divisores menores que 28. Son 1, 2, 4, 7 y 14.

La suma de esos divisores es 28.

$$1 + 2 + 4 + 7 + 14 = 28$$

Por lo tanto, de acuerdo a la definición arriba indicada, el número 28 pertenece a la categoría de los números perfectos.

Y entre los números perfectos ya calculados podemos mencionar:

$$6, 28, 496 \text{ y } 8128$$

Sólo conocemos números perfectos pares. Descartes creía en la posibilidad de determinar números perfectos impares.[20]

UN ERROR DE ANATOLE FRANCE

A veces el error se insinúa en las obras literarias más famosas. Anatole France, en el romance *Thais* (50ª ed., pag 279), reveló completa ignorancia de la Cosmografía. Vale la pena reproducir aquí el error del célebre inventor de *Sylvestre Bonnard*:

Antoine demanda:

- Doux enfant, que vois-tu encore? Paul promena vainement ses regards du zenith au nadir, du couchant au levant quand tout à coup ses yeux rencontrèrent l'abbé d'Antoiné.

He aquí relatada una proeza impracticable. Todo el mundo sabe que es imposible *pasear los ojos del cenit al nadir*, dado que para cualquier observador el nadir queda en el hemisferio celeste invisible.

La Matemática es el lenguaje de la precisión; es el vocabulario indispensable de aquello que conocemos.
WILLIAM F. WHITE

MULTIPLICACIÓN RUSA

Algunos matemáticos atribuyen un proceso especial de multiplicación a los antiguos campesinos rusos, proceso éste que no tiene nada de simple y que a su vez no deja de ofrecer un aspecto curioso.

Supongamos que, movidos por una excesiva excentricidad, resolvemos aplicar el sistema ruso para obtener el producto del número 36, por el número 13.

Escribimos los dos factores (36 y 13) uno al lado del otro y un poco alejados

36   13

Determinemos la mitad del primero y el doble del segundo, escribiendo los resultados debajo de los factores correspondientes:

13   36
18   26

Procedamos del mismo modo con los resultados obtenidos; es decir, tomemos la mitad del primero y el doble del segundo:

36   13
18   26
 9   52

Repitamos la misma operación, calcular la mitad del número de la izquierda y el doble del número de la derecha. Cuando llegamos a un número impar (9 en nuestro caso), debemos restar una unidad y tomar la mitad del resultado. Restando 1 de 9 obtenemos 8, cuya mitad es 4. Y así procedemos hasta llegar al término igual a 1 en la columna de la izquierda.

Tenemos entonces:

36	**13**	
18	**26**	
9	**52**	**(x)**
4	**104**	
2	**208**	
1	**416**	**(x)**

Sumemos los números de la columna de la derecha que corresponden a los números impares de la columna de la izquierda. (Dichos números están señalados con una (X). Esa suma será

$$52 + 416 = 468$$

El resultado obtenido (468) será el producto del número 36 por 13.

Otro ejemplo más: vamos a multiplicar por dicho extravagante proceso, el número 45 por 42:

45	**32**	**(x)**
22	**64**	
11	**128**	**(x)**
5	**256**	
2	**512**	
1	**1024**	**(x)**

Sumando los números marcados con (X), que corresponden a los términos impares de la columna de la izquierda, obtenemos el resultado 1440, que representa el producto de 45 por 32.

El llamado *proceso de los campesinos rusos*, que acabamos de indicar, no es más que una simple curiosidad matemática, puesto que el proceso que aprendemos en el colegio puede ser muy burgués, pero no deja de ser mucho más simple y más práctico.

UN NÚMERO GRANDE

Se llama *factorial* de un número al producto de los números naturales de 1 hasta ese número.[21]

Así, el factorial de 5 es dado por el producto 1 X 2 X 3 X 4 X 5.

Dicha expresión se indica en forma abreviada mediante la notación 5! que se lee: *factorial* de 5.

Determinemos los factoriales de algunos números:

$$3! = 6$$
$$4! = 24$$
$$5! = 120$$
$$9! = 362880$$

Con ayuda del signo factorial podemos escribir expresiones numéricas muy interesantes.

Calculemos por ejemplo el factorial de 362880, es decir el producto de todos los números desde 1 hasta 362880. Este producto es indicado, como ya sabemos, mediante la notación

362880!

Este número 362880 que ahí figura es el factorial de 9!; podemos entonces sustituirlo por el símbolo 9!. Tenemos entonces:

362880! = (9!)!

Dicho número (9!)!, en el que figura un único número igual a 9, si fuese calculado y escrito con cifras de tamaño común tendría cerca de 140 km de largo.

¡Es un número respetable!

LA GEOMETRÍA
El espacio es el objeto que el geómetra debe estudiar.
POINCARÉ

---

[21] *Se supone que dicho número es entero y positivo. De acuerdo a la convención, el factorial de la unidad y el factorial de cero son iguales a 1.*

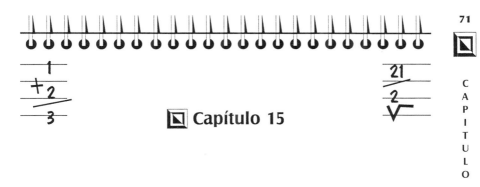

■ Capítulo 15

EL CÍRCULO

Pitágoras consideraba al círculo como la figura plana más perfecta, uniendo así la idea de círculo y de perfección.[22]

Durante muchos siglos, escribe Raul Bricard, *nadie podía dudar que, siendo el universo perfecto, las órbitas de los astros no fuesen estrictamente circulares.*

Devant le mouvement périodique d'un point que décrit un cercle, l'instinct, métaphysique sést ému il a conçu cet infini fermé quést l'Eternel Retour, et l'on ne saurait dégager d'images tournantes la doctrine antique dont Nietzche sést naïvement cru le père.[23]

Existe un cierto contraste entre la facilidad con que definimos la circunferencia y la, hasta ahora, intrincada dificultad que se nos presenta cuando intentamos formular la definición de la recta. Y esa disparidad constituye, en el campo de las investigaciones geométricas, una particularidad que debe ser destacada.

La importancia del círculo en las preocupaciones humanas puede ser demostrada mediante una profunda observación de tipo puramente etimológico; son numerosas las palabras indicadas en los diccionarios derivadas del vocablo que en griego significa *círculo.* Cuando un individuo despreocupadamente tira piedras al agua tranquila para admirar los círculos concéntricos que se forman en la superficie revela, sin querer, una acentuada tendencia al acercamiento del filósofo pitagórico cuando pre-

---

[22] *Montucia* – Histoire des Mathématiques, *1 vol. P. 109.*
[23] *R. Bricard – Del prefacio escrito para el libro* Géometrie du compas, *de A. Quemper de Lonascol.*
[24] *R. Bricard – Op. Cit.*

tendía construir el universo únicamente con círculos.[24]

No menos interesante es la observación que se deduce del trazado de la recta y el círculo. Para trazar un segmento de recta es indispensable una buena regla; mientras que con un compás cualquiera, grosero y mal hecho, con varillas firmemente sujetas por su parte superior, podemos obtener una circunferencia perfecta. De allí la importancia que tiene desde el punto de vista del rigor de las soluciones, *la Geometría del compás* debida al matemático italiano Rev. Mascheroni. [25]

En *Geometría del compás* los diversos problemas son resueltos con el empleo de dicho instrumento. *Para alentar el interés por las construcciones geométricas basta recordar que los métodos gráficos constituyen hoy un admirable instrumento de cálculo, empleado en Física, Astronomía y en todas las ramas de la ingeniería* [26].

PAPEL PARA EMPAPELAR
Luis Freire [27]

El general Curvino Krukowiski, después de obtener su reforma, habiéndose retirado a Palibino, con su familia, mandó empapelar las paredes de su nueva residencia. Sin embargo, como el papel del que disponía no fuera suficiente para forrar las paredes del cuarto de las dos hijas, echó mano de dos hojas de un tratado de cálculo infinitesimal con el cual Krukowiski había estudiado esa rama de la Matemática.

Este incidente fortuito sería la chispa que habría de provocar una explosión de altas concepciones matemáticas, en un genial cerebro de mujer: la joven Sofía Curvino [28], hija del general, que volcó toda la proverbial curiosidad de su sexo a aquel mundo de lo infinitamente pequeño –tan infinitamente grande en bellezas y sugestiones- que iluminaba las paredes de su cuarto.

Y en aquel original papel para la pared de su cuarto de mu-

---

[25] *El abad Mascheroni dell'Olmo, poeta y matemático, nació en 1730 y falleció en 1800. Mantuvo relaciones de amistad con Napoleón a quien dedicó no solo su principal obra matemática sino además muchas de las producciones poéticas que dejara.*

[26] *Almeida Lisboa –* Geometría del compás.

[27] *Fragmento de un artículo publicado en la* Revista Brasilera de Matemática.

[28] *Luego convertida en Sofía Kovalewsky, quien puede ser mencionada como uno de los más grandes matemáticos del siglo XIX. Es conveniente leer la biografía de Sonia en el libro* Matemática – 2do año *de Thiré y Mello e Souza.*

chacha estaba escrito y trazado todo un destino en ecuaciones. Sofía deseó conocerlo, buscando así comprender el potente lenguaje que hablan los símbolos y que muy pocos saben realmente interpretar.

LOS GRANDES GEÓMETRAS

ARQUÍMEDES - el más célebre geómetra, vivió tres siglos a.C. Es admirable la obra que realizó con los pocos recursos de la ciencia de su época. Produjo memorables trabajos sobre temas de Aritmética, Geometría, Mecánica, Hidrostática y Astronomía. Dichos aspectos de la ciencia fueron tratados con maestría *presentando conocimientos nuevos, explorando nuevas teorías, con una originalidad que dan al geómetra el más alto lugar en la historia.* Murió en el 212 a.C. asesinado por un soldado romano.

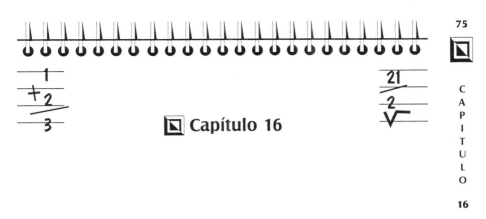

Capítulo 16

LA GEOMETRÍA DE CHATEAUBRIAND

Cuando la imaginación del escritor intenta poner vivacidad y colorido en una descripción no escatima siquiera el uso de las figuras geométricas más simples. La fantasía caprichosa de los literatos de talento no encuentra barreras ante los rigores formales de la Matemática.

Vamos a tomar un curioso ejemplo de la obra admirable de Chateaubriand. Este célebre escritor francés, autor de *Génie du Christianisme*, al describir el prodigio de un canadiense que encantaba serpientes al son de su flauta, dijo precisamente lo siguiente:

Comenzó entonces el canadiense a tocar su flauta. La serpiente hizo un movimiento de sorpresa y tiró la cabeza para atrás. A medida que era dominada por el efecto mágico, los ojos perdían su aspereza, las vibraciones de la cola se hacían más lentas y el ruido que ella emitía decrecía lentamente hasta extinguirse.

Menos perpendicular sobre su línea espiral, las curvas de la serpiente encantada llegaban una a una a descansar sobre la tierra en círculos concéntricos.

(*Génie du Christianisme*, parte I, libro III, capítulo II).

No es posible que una serpiente descanse en el suelo formando con su cuerpo *círculos concéntricos*. Aún más: no existe en Geometría una línea que sea con relación a otra *menos* perpendicular. El autor de *Atalá* ignoraba seguramente cómo se define en Matemática el ángulo de una recta con una curva.

Los admiradores de Chateaubriand dirán finalmente:

Siendo atrayente el estilo y agradable la descripción, ¡qué importa la geometría!

Llegamos así al punto en relación al cual no deseamos de ninguna manera abrir polémica con el lector.

EL PROBLEMA DE LOS ÁRBOLES

En un terreno de forma cuadrada, un propietario hizo construir una casa. En dicho terreno estaban plantados, siguiendo una disposición regular, 15 árboles:

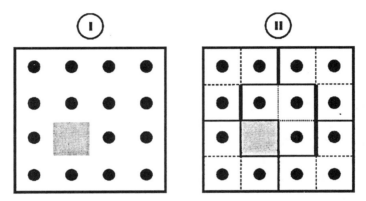

¿Cómo dividir el terreno en 5 partes iguales en tamaño y forma, de modo que cada una de esas partes contenga el mismo número de árboles?

La solución está indicada en la figura 2.

NÚMEROS CHINOS

El mundo está cada vez más dominado por la Matemática.

A. F. RAMBAUD

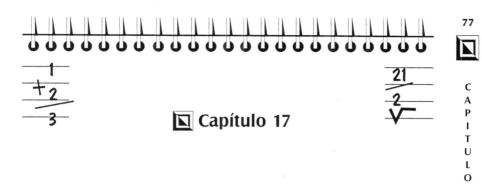

☒ **Capítulo 17**

PROBLEMAS CON ERROR
Everardo Backheuser [29]

A menudo se presenta a los jóvenes problemas cuya verificación en los hechos de la vida práctica dejaría mal parado al profesor que los formulara.

Como por ejemplo este caso: podemos recordar los famosos problemas sobre *construcción de una pared*, o sobre *fabricación de una tela* por cierto número de operarios. Preparados sin la preocupación de adaptarlos a la realidad terminan siendo ridículos.

Sea por ejemplo: 3 operarios hacen una pared de 40m de largo, 2m de altura y 0.25m de ancho en 15 días; ¿Cuántos días serán necesarios para que 4 operarios construyan una pared de 35m de largo, 1.5m de altura y 0.20m de ancho?

El resultado aritmético de esta *regla de tres* dará evidentemente una solución expresada por un número de días inferior a 15. Cualquier albañil se reiría del resultado, porque para hacer una pared de 0.20 metros en lugar de 0.25m de ancho se tarda mucho más tiempo. Y la razón es simple: 0.25m es un ancho correspondiente al largo de un ladrillo; para el ancho de 0.20m, que es un poco menor, se agrega el trabajo de romper los ladrillos de acuerdo con el largo deseado, lo que exigiría un tiempo mayor para la ejecución de la obra.

La misma disparidad entre la solución matemática y el resultado real ocurre con un problema relativo a la fabricación de tela: *si tantos operarios hacen cierto número de metros de tela*

---

[29] *Del libro La Aritmética en la escuela primaria.*

de 1.50 m de ancho en un cierto plazo, ¿qué tiempo necesitarán para fabricar una tela de 0.20 m de ancho respetando las demás condiciones?. El resultado aritmético sería menor que la mitad del tiempo mientras que en la práctica, el tiempo es rigurosamente el mismo porque el telar no trabaja más rápidamente en función del ancho del tejido.

Así como en éstos, hay otros incontables casos en que el organizador de los problemas debería documentarse previamente para evitar *absurdos*.

LA BLASFEMIA DE UN REY
Emile Picard

Cuéntase que en el siglo XIII Alfonso el Sabio, rey de Castilla, habiendo ordenado a los astrónomos árabes que construyeran tablas de los movimientos planetarios, las encontró bastante complicadas y exclamó: *¡Si Dios antes de crear el mundo, me hubiese consultado, hubiera hecho mejor las cosas!*. No convalidamos la blasfemia del rey de Castilla y repetiremos más modestamente la frase que el gran matemático Calois escribiera en una especie de testamento algunas horas antes de morir: *La ciencia es obra del espíritu humano, que está destinado a estudiar antes que a conocer, a buscar la verdad, antes que a encontrarla.*

ILUSIÓN ÓPTICA

En el siguiente diseño aparecen nada menos que 6 figuras geométricas.

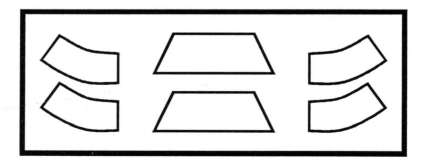

Quien las observe con cierta atención llegará a afirmar que los lados de las figuras que están en la parte superior son más grandes que los lados correspondientes a las figuras de abajo.

Sin embargo existe una ilusión óptica que nos conduce a una impresión falsa: los trapecios indicados en la figura tienen sus lados respectivamente iguales.

La Matemática es el lenguaje de la precisión; es el vocabulario indispensable de aquello que conocemos.

WILLIAM F. WHITE

🔲 **Capítulo 18**

LA MATEMÁTICA EN LA LITERATURA, LOS ÁNGULOS

Entre las figuras geométricas más citadas por los escritores debemos señalar en primer lugar al *ángulo*.

Graça Arahna, en *Viaje Maravilloso* [30], describiendo una ruta por la que se trepaba a una montaña empleó figuras geométricas con admirable precisión:

Las líneas rectas iban formando ángulos agudos y obtusos en la ladera de la montaña, que subía intrincada y ardiente.

Théo Filho, en *Impresiones transatlánticas,* usaba la expresión *ángulo reentrante*, que no es una de las más comunes entre los literatos:

Vistas del ángulo más reentrante del primer plano...

En general, los escritores no distinguen un diedro de un ángulo plano. Citemos un ejemplo característico tomado de *El Guaraní*, de José de Alencar:

Sacó su daga y la clavó en la pared tan larga como le permitía la curva que el brazo se veía obligado a hacer para abarcar el ángulo.

Esta frase, indicada como ejemplo, estaría resuelta si el famoso romancero hubiese escrito:

...que el brazo era obligado a hacer para abarcar el diedro.

Conviene recordar que el poeta Augusto dos Anjos, en el primer cuarteto de uno de sus sonetos conseguía colocar un diedro perfecto:

¡Ah! Porque monstruosísimo motivo atraparon para siempre, en esta red, dentro del ángulo diedro de las paredes.

---

[30] *Graça Aranha – Viaje Maraavilloso, p. 361.*

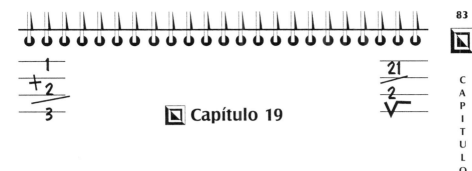

🔲 Capítulo 19

LA GEOMETRÍA Y EL AMOR

A los diecisiete años de edad, Madame de Staël se estaba educando en un convento de Francia. Acostumbraba visitar a una amiga que vivía del otro lado de la plaza a la que daba una de las fachadas del convento. Un hermano de esta amiga insistía siempre en acompañarla al regresar a casa y la conducía bordeando dos cuadras de la plaza. Pero como las primitivas impresiones que ella le causara iban perdiendo el primitivo ardor, gradualmente y de visita en visita, él fue acortando el camino hasta que finalmente adoptó la línea más corta siguiendo la diagonal de la plaza. Madame de Staël, recordando más tarde este hecho observó: *De este modo, reconocí que su amor fue disminuyendo en proporción exacta a la diagonal respecto a los dos lados del cuadrado.*

Con esa observación, y en forma puramente matemática, quiso probablemente la autora de *Delphine* revelar sus conocimientos sobre una proposición famosa de la Geometría que dice: *la relación entre la diagonal y el lado del cuadrado es igual a la raíz cuadrada de 2.*

Formuló, sin embargo, una comparación falsa, equivocada e inaceptable en Geometría.

Toda ecuación científica, que no se inicia con la Matemática, es imperfecta en su base.
AUGUSTO COMTE

LOS GRANDES GEÓMETRAS

ERATÓSTENES - astrónomo griego notable y amigo del célebre Arquímedes. Era poeta, orador, matemático, filósofo y atleta completo. Habiendo quedado ciego como consecuencia de una oftalmia, se suicidó dejándose morir de hambre. Vivió cuatro siglos a.C.

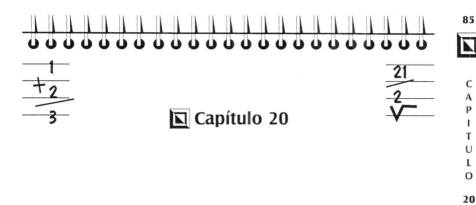

[] Capítulo 20

LAS PERLAS DEL RAJÁ

Un rajá dejó a sus hijas cierto número de perlas y determinó que la división se hiciera del siguiente modo: la hija mayor sacaría 1 perla y 1/7 de lo que restase; vendría después la segunda y tomaría para sí 2 perlas y 1/7 del resto, a continuación la tercera joven tomaría 3 perlas y 1/7 de lo que quedara y así sucesivamente.

Las hijas más jóvenes se quejaron al juez alegando que mediante este sistema complicado de reparto se verían fatalmente perjudicadas.

El juez –dice la tradición- que era hábil en la resolución de problemas, respondió de inmediato que los reclamos eran infundados, la división propuesta por el viejo rajá era justa y perfecta.

Y tenía razón. Hecho el reparto, cada una de las herederas recibió el mismo número de perlas.

La pregunta es: ¿cuántas perlas había y cuántas hijas tenía el rajá?

Solución

Las perlas eran 36 y debían ser repartidas entre 6 personas.

La primera sacó 1 perla y 1/7 de 35, es decir 5; por lo tanto sacó 6 perlas.

La segunda sacó 2 perlas de las 30 que encontró y 1/7 de 28, que es 4; por lo tanto sacó 6.

La tercera sacó 3 entre las 24 que encontró y 1/7 de 21, o sea 3. Retiró por lo tanto 6.

La cuarta sacó 4 de las 18 que encontró y 1/7 de 14, o sea 2.

Recibió también 6 perlas.

La quinta encontró 12 perlas de las que sacó 5 y 1/7 de 7, es decir 1. Por lo tanto recibió 6.

La hija más joven recibió finalmente las 6 perlas restantes.

M
A
T
E
M
A
T
I
C
A

D
I
V
E
R
T
I
D
A

Y

C
U
R
I
O
S
A

Sin la Matemática, no nos sería posible comprender muchos pasajes de las Sagradas Escrituras.

SAN AGUSTÍN

🔲 **Capítulo 21**

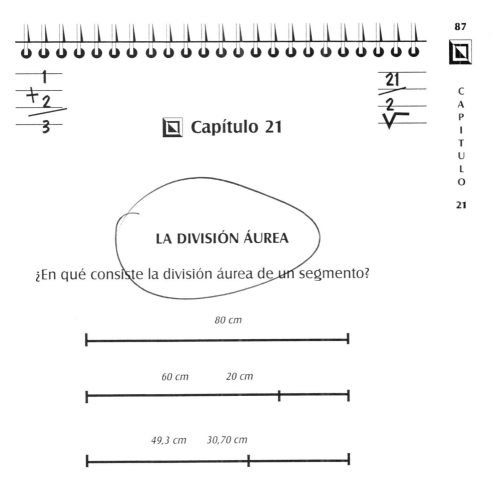

LA DIVISIÓN ÁUREA

¿En qué consiste la división áurea de un segmento?

Expliquemos en forma elemental este curioso problema de la Geometría.

Tomemos, por ejemplo, un segmento de 80cm de largo. Dividamos este segmento en dos partes desiguales, la mayor de 60cm y la menor de 20cm.

Calculemos la razón entre el todo y el segmento mayor. Para eso dividimos 80 por 60 y obtenemos:

$$80 \div 60 = 1.33$$

Dividiendo el segmento mayor (60) por el menor (20) tendremos:

$$60 \div 20 = 3$$

Notemos que los resultados no son iguales. El primer cociente es 1.33 y el segundo es 3.

Tratemos de dividir el segmento dado en dos partes tal que el segmento *total* (80) dividido por el mayor produzca el mismo resultado que si dividimos el mayor por el menor.

En el ejemplo propuesto, la solución será obtenida si dividimos el segmento de 80 cm en dos partes que midan 49.3 cm y 30.7 cm respectivamente. Tenemos, como es fácil verificar:

$$\frac{80}{49.3} = 1.61 \qquad\qquad \frac{49.3}{30.7} = 1.61$$

De ahí la proporción.

$$\frac{\text{Segmento total}}{\text{Parte mayor}} = \frac{\text{Parte mayor}}{\text{Parte menor}}$$

Se lee: el segmento total es a la parte mayor así como la parte mayor es a la menor.

La división de un segmento hecha de acuerdo con esta proporción se denomina *división áurea* o *división en media* y *razón extrema.*

En la división áurea la parte mayor se denomina *segmento áureo.*

El número que representa la relación del segmento áureo tiene siempre el valor aproximado de 1.618.

Este número en general se designa por la letra griega j (fi).

Es evidente que si quisiéramos dividir un segmento AB en dos partes desiguales tendríamos una infinidad de maneras.

Existe una, sin embargo, que parece ser la más *agradable* al espíritu, como si tradujera a nuestros sentidos una operación armoniosa –es la división en *razón media y extrema,* la *sectio divina* de Lucas Paccioli [31], también denominada *sectio áurea* por Leonardo da Vinci[32].

El matemático alemán Zeizing formuló en 1855, en sus Aetetische Farschungen, el siguiente principio:

[31] *Lucas Paccioli o Lucas de Burgo, monje franciscano, nació en Burgo, en la Toscana, a mediados del siglo XV y murió en Florencia a principios del siglo XVI.*
[32] *Leonardo da Vinci (1452-1519), célebre artista florentino, autor de la Gioconda y de Cela. Fue escultor, arquitecto, ingeniero, escritor y músico.*

Para que un todo dividido en dos partes desiguales parezca bello desde el punto de vista de la forma, debe presentar entre la parte menor y la mayor la misma relación entre ésta y el todo.

Juan Ribeiro afirma: *hasta hoy no ha sido posible descubrir la razón de ser, el porque de esta belleza*[33]. Zeizing, que llevó muy lejos estos estudios, señala varios ejemplos curiosos que constituyen una elocuente demostración del principio de la *sectio áurea.*

Es fácil observar que el título colocado en el lomo de una obra, en general, divide el largo total del libro en razón media y extrema. Lo mismo ocurre con la línea de los ojos que divide, en las personas bien formadas, el largo total del rostro en razón media y extrema. También se observa la *sectio divina* en los lugares en que las falanges separan los dedos de las manos.

La división áurea también aparece en Música, Poesía, Pintura y hasta en Lógica.

Una relación notable –demostrada en Geometría- define el lado del decágono regular como segmento áureo del radio.

La división áurea, de la cual Vitruvio [34] tuvo un rápido vislumbre, surgió en el mundo científico en la obra de Paccioli –*Divina proportione* - publicada en Venecia en 1509.

Leonardo da Vinci en la versatilidad de su incomparable talento, también se sintió seducido por el misterio de la llamada simetría geométrica que realza la división áurea.

El célebre astrónomo alemán Juan Kepler, que formuló las leyes de la gravitación universal, era un verdadero adorador de la divina proporción. Decía, *la Geometría tiene dos tesoros. Uno es el Teorema de Pitágoras, el otro es la sectio divina*[35].

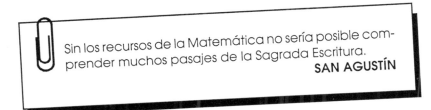

Sin los recursos de la Matemática no sería posible comprender muchos pasajes de la Sagrada Escritura.
SAN AGUSTÍN

[33] *Juan Ribeiro* – Páginas de estética.
[34] *Matila C. Ghyka* – Le nombre dòr, 31 ed. 1931, 1 vol.
[35] Curso de Matemática – *4º año de euclides Roxo, Thiré y Mello e Souza.*

PORCENTAJE

Son pocos los escritores de renombre que no han cometido errores en Matemática. Rui Barbosa, en un vibrante discurso pronunciado ante el senado, dejó escapar esta expresión:

Así es, en el juego de las transacciones, que tan gigantesca suma de valores representa, no hay traslado del medio circulante sino un porcentaje de 8 en 92.
(Finanzas y política de la República, 1892, Pag. 74)

La relación de 8 en 92 no representa un porcentaje. El profesor Cecil Thiré, en su compendio de Matemática, dice claramente: *La relación entre magnitudes, cuando establecida en tanto por ciento, es denominada porcentaje.* ¿Quién podrá confundir número con cifra? Mientras que Francisco d'Auria, notable contador, escribió en su Matemática Comercial, pag. 82:

...fue adoptado, en la práctica, el número 100 como cifra de referencia.

CURIOSA TRANSFORMACIÓN

¿Es posible transformar la cifra 3, escrita a la izquierda, en un 5, escrito a la derecha, con auxilio de una línea cerrada, es decir, sin levantar la lapicera del papel?

$$3 \quad 5$$

La Matemática es el instrumento indispensable para cualquier investigación física.

BERTHELOT

La cuestión propuesta pertenece a aquellas que desafían la sagacidad de los más hábiles.

La solución

Aunque muy simple - se da en la figura de arriba: se prolonga la línea superior de la cifra 3 y se forma un rectángulo; al llegar al punto final de cierre se completa la cifra 5 con una pequeña curva superior.

MUERTE TRÁGICA DE ALGUNOS MATEMÁTICOS

Tales de Mileto – asfixiado por la multitud al salir de un espectáculo.
Arquímedes – asesinado por un soldado romano.
Eratóstenes – se suicidó dejándose morir de hambre.
Hipátia – lapidada por un grupo de exaltados en un motín en Alejandría.
Evaristo Galois – muerto en duelo.
Pitágoras – asesinado en Tarento durante una revolución.

١ ٢ ٣ ٤ ٥ ٦ ٧ ٨ ٩ ٠

NÚMEROS ÁRABES

LEIBNIZ

En su elogio de Leibniz, Fontenele dijo del gran geómetra y filósofo: *le gustaba ver crecer en los jardines de antaño las plantas a las que le había provisto su simiente. Estas simientes son frecuentemente más apreciadas que las propias plantas; el arte de descubrir en Matemática es más preciosa que la mayoría de las cosas que se descubren.*

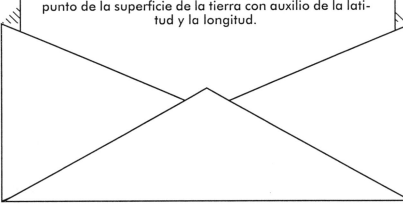

LOS GRANDES GEÓMETRAS

HIPARCO - uno de los más eminentes astrónomos griegos, nació en el año 160 a.C. Al ser informado de la aparición de una estrella de gran brillo, resolvió construir un catálogo en el que consiguió reunir 1080 estrellas fijas. Fue el primero que fijó la posición de un punto de la superficie de la tierra con auxilio de la latitud y la longitud.

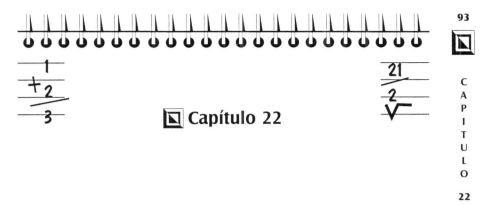

[] Capítulo 22

EL HOMBRE QUE CALCULABA[36]

Capítulo I

En el cual encuentro, durante una excursión, un singular viajero. Qué hacía el viajero y cuáles eran las palabras que pronunciaba.

Volvía yo, cierta vez, de una excursión a las ruinas de Samarra en las márgenes del Tigris, al paso lento de mi camello y por la ruta de Bagdad, cuando vi, sentado sobre una piedra, un viajero modestamente vestido que parecía reposar de las fatigas de algún viaje.

Me disponía a dirigir al desconocido el vulgar *salam* [37] de los caminantes cuando, con gran sorpresa, lo vi levantarse y pronunciar lentamente:

- ¡Un millón cuatrocientos veintitrés mil setecientos cuarenta y cinco!

Se sentó enseguida y se quedó en silencio, la cabeza apoyada en las manos, como si estuviese absorto en profunda meditación.

Me paré a una pequeña distancia y me puse a observarlo, del mismo modo que lo haría delante de un monumento histórico de los tiempos legendarios.

Momentos después, el hombre se levantó nuevamente y con voz clara y pausada, enunció otro número igualmente fabuloso:

---

[36] *Del libro* Cuentos *de Malba Tahan.*
[37] Salam, *saludo.*

- ¡Dos millones trescientos veintiún mil ochocientos sesenta y seis!

Y así varias veces, el singular viajero se ponía de pie, decía en voz alta un número de varios millones y se sentaba enseguida, en la piedra tosca del camino.

Sin saber dominar la curiosidad que me atormentaba, me acerqué al desconocido y, después de saludarlo en el nombre de Alá (¡con él la oración y la gloria!), le pregunté el significado de esos números que sólo podrían simbolizar gigantescas proporciones.

- ¡Forastero! –respondió el viajero- no censuro la curiosidad que te llevó a perturbar la marcha de mis cálculos y la seriedad de mis pensamientos. Y como supiste ser delicado al hablar y pedir, voy a atender tus deseos. ¡Para eso, preciso, sin embargo, contarte la historia de mi vida!

Capítulo II

En el cual el hombre que calculaba cuenta la historia de su vida. Cómo me enteré de los cálculos prodigiosos que realizaba y por qué nos convertimos en compañeros de jornada.

- Me llamo Ibraim Tavir y nací en una muy pequeña aldea no lejos de Disful, en las márgenes del río Kerkab. Muy joven todavía, comencé a trabajar como pastor al servicio de un rico señor persa. Todos los días, al nacer el sol, llevaba al campo el gran rebaño y tenía la obligación de traerlo al abrigo antes de caer la noche. Temiendo perder alguna oveja rezagada y ser severamente castigado por tal negligencia, las contaba varias veces durante el día. Así, fui adquiriendo, poco a poco, tal habilidad para contar que, a veces de un golpe de vista, calculaba sin error el rebaño entero. No contento con eso, comencé a ejercitarme contando los pájaros, cuando en bandadas pasaban volando por el cielo. Me hice muy hábil en este arte. Después de algunos meses, gracias a nuevos y constantes ejercicios, contando hormigas y otros pequeños insectos, ¡llegué a realizar la increíble proeza de contar todas las abejas de un panal!. Dicha hazaña de calculista, sin embargo, de nada valdría ante las muchas otras que más tarde practiqué. Mi generoso amo poseía, en dos o tres oasis distantes, grandes plantaciones de dátiles, los que yo contaba uno a uno e, informado de mis habilidades matemáticas, me encargó ocuparme de su venta. Trabajé así, junto a las palmeras, cerca de diez años. Contento con las ganancias que obtuve, mi bondadoso patrón me ha concedido algunos días de descanso y estoy yendo a Bagdad para visitar a mi familia, la que no veo hace mucho tiempo. Y para no perder tiempo, ¡me ejercito durante el viaje contando las hojas de los árboles que encuentro en el camino!.

Y, señalando una vieja y gran higuera que se erguía a pequeña distancia, agregó:

- Aquel árbol, por ejemplo, ostenta en sus ciento noventa y dos ramas ¡la insignificante cantidad de un millón doscientos cuarenta y cuatro mil setecientos veintidós hojas!.

- ¡Mac´Alá! – exclamé atónito- Es increíble que un hombre pueda contar, de un vistazo, ¡todas las hojas de un árbol! ¡Tal habilidad puede proporcionar a cualquiera un medio seguro de ganar riquezas envidiables!

- ¿Cómo? – preguntó Ibraim. - ¡Jamás se me pasó por la cabeza que se pudiese ganar dinero contando los millones de hojas de árboles y las abejas de un panal!

- Vuestra admirable habilidad –le expliqué- se puede emplear en veinte mil cosas diferentes. En una gran capital como Constantinopla, o mismo en Bagdad, seríais un auxiliar precioso para el gobierno. Podríais calcular poblaciones, ejércitos y rebaños. Os sería fácil evaluar los recursos del país, el valor de las cosechas, los impuestos, las mercaderías y todas las fuentes de renta del Estado. Os aseguro, por las relaciones que mantengo, pues soy de Bagdad[38], que no os será difícil obtener algún lugar destacado junto al gobernador. ¡Podríais, tal vez, ejercer el cargo de visir tesorero o secretario de Finanzas musulmán!

- Si así fuese, joven –respondió el calculista -, no vacilo. Voy contigo a Bagdad.

Capítulo III

La singular aventura de los 35 camellos que debían ser reparti-

---

[38] *De un artículo publicado en el libro* Matemática – 1er año, *de Cecil Thiré y Mello e Souza.*

dos entre tres árabes. El hombre que calculaba hace una división que parecía imposible dejando contentos a los tres interesados. La ganancia inesperada que obtuvimos con esa transacción.

Viajamos pocas horas sin interrupción, pues enseguida ocurrió una curiosa aventura en la cual el hombre que calculaba puso en práctica, con gran talento, sus habilidades de eximio algebrista.

Encontramos cerca de un mercado casi abandonado, a tres hombres que discutían acaloradamente al pie de un conjunto de camellos.

El inteligente Ibraim buscó informarse de lo que ocurría.

- Somos hermanos -dijo el mayor- y recibimos como herencia estos 35 camellos. De acuerdo con la voluntad de mi padre, debo recibir la mitad y mi hermano Hamed Namir una tercera parte, y Harim, el más joven, debe recibir apenas la novena parte. ¡No sabemos, sin embargo, como dividir esos 35 camellos pues la mitad de 35 es 17.5! ¿Cómo hacer el reparto si la tercera parte y la novena parte de 35, tampoco son exactas?

- Es muy simple –respondió el hombre que calculaba- y me encargo de hacer, con equidad, esa división, ¡si me permiten agregar a los 35 camellos de la herencia este bello animal que hasta aquí nos trajera!

A esta altura intenté intervenir en el asunto:

- ¡No puedo permitir semejante locura! ¿Cómo podríamos terminar el viaje sin nuestro camello?

- ¡No te preocupes por el resultado! - replicó en voz baja el hombre que calculaba- Sé muy bien lo que estoy haciendo. Dame tu camello y verás finalmente a que conclusión quiero llegar.

Fue tan segura la forma en que lo dijo que no tuve dudas en entregarle mi bello camello que, inmediatamente, fue reunido con los otros 35 que allí estaban para ser repartidos entre los tres herederos.

- Voy a hacer la división justa de los camellos que ahora son, como ven, un total de 36 –dijo él, dirigiéndose a los tres hermanos-.

Encarando al mayor de los hermanos, dijo así:

- Mi amigo, debías recibir la mitad de 35, es decir, 17.5. Recibirás la mitad de 36, por lo tanto, 18. No tienes nada que reclamar, ¡porque ganaste bastante con esta división!

Y encarando al segundo mahometano, continuó:

- Y tu, Hamed Namir, debías recibir un tercio de 35, es decir, algo más de 11. Vas a recibir un tercio de 36, es decir, 12. No podrás protestar, pues, también logras una ganancia visible en esta transacción.

Y al más joven:

- Y tu, joven Harim Namir, de acuerdo con la voluntad de tu padre, debías recibir un noveno de 35, es decir, algo más de 3. Vas a recibir un noveno de 36, es decir, 4. Tu ganancia ha sido igualmente notable. ¡Sólo tienes que agradecerme por el resultado!

Y el hombre que calculaba sacó la siguiente conclusión:

- Por la ventajosa división hecha entre los hermanos Namir, repartición en que los tres salieron ganando, le correspondieron 18 camellos al primero, 12 al segundo y 4 al tercero, lo que da un resultado de (18 + 12 + 4) 34 camellos. De los 36 camellos, sobran por lo tanto dos. Uno pertenece, como saben, a mi amigo y compañero; el otro me corresponde por derecho a mí, por haber resuelto a satisfacción de todos, ¡el complicado problema de la herencia!

- ¡Eres inteligente, oh extranjero! –exclamó el mayor de los tres hermanos – ¡Aceptamos tu reparto con la certeza de que se ha hecho con justicia y equidad!

El hombre que calculaba tomó posesión de uno de los más bellos camellos del grupo y me dijo, entregándome el animal por la rienda, que me pertenecía:

- ¡Ahora podrás, amigo mío, continuar el viaje en tu camello manso y seguro! ¡Ya tengo otro, especialmente para mí!

Y continuamos nuestra jornada hacia Bagdad.

Capítulo IV

En el cual encontramos un rico jeque muriendo de hambre en el desierto. La propuesta que él nos hizo sobre los 8 panes que traíamos, como se resolvió de modo imprevisto el pago de 8 panes con 8 monedas.

Tres días después, cuando nos aproximábamos a una pequeña aldea –denominada Lazzakka-, encontramos, caído en el camino, a un pobre viajero andrajoso y herido.

Socorrimos al desdichado y de sus propios labios escuchamos el relato de su singular aventura.

Se llamaba Salem Nasair y era uno de los más ricos mercaderes de Bagdad.

Al regresar, pocos días antes, de Bassora, con una gran caravana, había sido atacado en ese lugar por un grupo de terribles nómades persas del desierto. La caravana fue saqueada y casi todos los hombres murieron a manos de los beduinos. El –el jefe- consiguió escapar milagrosamente, oculto en la arena, ¡entre los cadáveres de sus esclavos!

Y, al concluir la narración de su desgracia, nos preguntó con voz angustiada:

- ¿Traéis ahora, oh musulmanos, alguna cosa que se pueda comer? ¡Estoy a punto de morir de hambre!

- Tengo tres panes –respondí.

- ¡Tengo otros cinco! –agregó, a mi lado, el hombre que calculaba.

- Bien –respondió el jeque-, juntemos esos 8 panes y hagamos una sola sociedad. ¡Cuándo llegue a Bagdad, prometo pagar con 8 monedas de oro cada pan que coma!

Así hicimos. Al día siguiente, al caer la tarde, llegamos a Bagdad.

Cuando atravesamos una plaza, encontramos un rico cortejo. Al frente marchaba en elegante alazán, el poderoso Ke-Pachá, uno de los visires del gobernador de Bagdad.

El visir, al ver al jeque Salem Nassair en nuestra compañía lo llamó y haciendo detener su poderosa guardia, le preguntó:

- ¿Qué te pasa, amigo mío? ¿Por qué te veo llegar a Bagdad, andrajoso y maltrecho, en compañía de dos hombres que no conozco?

El desventurado jeque contó minuciosamente al poderoso ministro, todo lo que le ocurriera en el camino cubriéndonos de elogios a nosotros.

- Páguenles sin perder tiempo a esos dos forasteros –le ordenó el gran visir. Y sacando de su bolsa 8 monedas de oro, se las entregó a Salem Nassair.

Hecho esto, añadió:

- Quiero llevarte ahora mismo a palacio pues el gobernador desea seguramente ser informado de la nueva afrenta que los bandidos y beduinos nos hicieron, ¡atacando una caravana de Bagdad!

El rico Salem Nassair dijo entonces:

- Voy a dejarlos, mis amigos. Quiero antes, sin embargo, agradecerles el gran auxilio que ayer recibí de vosotros. Y para cumplir la palabra dada, voy a pagarles ahora, con ¡8 denarios de oro el pan que generosamente me disteis!

Y dirigiéndose al hombre que calculaba le dijo:

- Vas a recibir, por los cinco panes, ¡cinco monedas! –Y dirigiéndose a él, concluyó – Y tu, por los tres panes, ¡vas a recibir tres monedas!

Con gran sorpresa, el calculista objetó respetuosamente:

- ¡Perdón, jeque! Esta división puede ser muy simple, ¡pero no es justa! Si os di 5 panes, debo recibir 7 monedas; mi compañero, que os dio 3 panes, debe recibir ¡sólo una moneda!

- ¡Por Alá! –exclamó vivamente interesado el oficial. – ¡Cómo justificar, oh extranjero, tan disparatada forma de pagar 8 panes con 8 monedas! Si contribuisteis con 5 panes, ¿por qué exiges 7 monedas? Si tu amigo contribuyó con 3 panes, ¿por qué debe recibir una única moneda?

El hombre que calculaba, se acercó al prestigioso ministro y dijo así:

- Voy a probar al señor visir que la división de las 8 monedas, en la forma por mi propuesta, es más justa y más exacta. Cuando, durante el viaje, tuvimos hambre, yo sacaba un pan de la caja en la que estaban guardados y lo repartía en tres pedazos, comiendo cada uno de nosotros uno de esos pedazos. Los 8 panes fueron, por lo tanto, divididos en 3 pedazos. Si di 5 panes, di, por supuesto, 15 pedazos; si mi compañero dio 3 panes, contribuyó con 9 pedazos. Hubo, así, un total de 24 pedazos. De esos 24 pedazos, cada uno de nosotros comió 8. Ahora, si yo de los 15 pedazos que di, comí 8, di en realidad 7; mi compañero dio, como dije, 9 pedazos y comió también 8, por lo tanto sólo dio 1. Los 7 que di y 1 que mi compañero dio, fueron los 8 que le correspondieron al jeque Salem Nassair. Por lo tanto, es justo que yo reciba 7 monedas y que mi compañero reciba sólo 1.

El gran visir, después de hacer los mayores elogios al hombre que calculaba, ordenó le fuesen entregadas 7 monedas, pues a mi me correspondía por derecho una.

- Esta división –replicó el calculista -, como lo he probado, es matemáticamente justa, ¡pero no es perfecta a los ojos de Dios!

Y tomando las 8 monedas en la mano, las dividió en dos grupos iguales, de 4 cada uno. Me dio uno de los grupos, guardándose el otro.

- ¡Este hombre es extraordinario! –exclamó el gran visir. – además de parecerme un gran sabio, muy hábil en los cálculos y en la aritmética, es bueno con su amigo y generoso con su compañero. ¡Te tomo hoy mismo, eximio Matemático, como mi secretario!

- Poderoso visir –respondió el hombre que calculaba – veo que acabas de hacer en 37 palabras, con un total de 178 letras, el mayor elogio que oí en mi vida, y que yo, para agradeceros, estaría obligado a emplear 74 palabras en las cuales figuren nada menos que 356 letras. ¡Exactamente el doble! ¡Que Alá os bendiga y os proteja!

Con tales palabras, el hombre que calculaba nos dejó a todos maravillados por su astucia y su envidiable talento de calculista.

Todo aquello, que han realizado a lo largo de los siglos, las mayores inteligencias en relación con la comprensión de las formas, por medio de conceptos precisos, está reunido en una gran ciencia: la Matemática.

J. M. HERBART

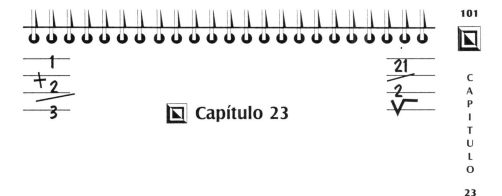

$$\frac{1}{\frac{+2}{3}}$$

$$\frac{\frac{21}{2}}{\sqrt{}}$$

◨ **Capítulo 23**

EL PROBLEMA DE LA PISTA

Cuatro hombres que poseían caballos de carrera tenían sus casas situadas en los puntos A, B, C y D. Estos propietarios decidieron construir, de común acuerdo, una pista circular para carreras.

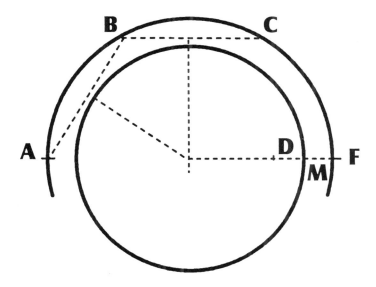

Para que no hubiese discusiones se pusieron de acuerdo en que la pista pasara a igual distancia de las 4 casas.

El problema es simple y puede ser resuelto con regla y compás.

Tracemos la circunferencia que pasa por los puntos A, B y C y que tendrá su centro en I. Tracemos el radio IF, que pasa por el punto D. Por el punto M (mitad del segmento DF) y con centro en I, tracemos otra circunferencia.

Esta circunferencia resolverá el problema definido: el trazado de la pista. Existen otras soluciones.

RECTÁNGULO ÁUREO

Para que un rectángulo sea armonioso es necesario que la altura sea igual al segmento áureo de la base. El rectángulo que presenta esta relación notable entre sus dimensiones es denominado rectángulo áureo o rectángulo módulo.

Encontramos el rectángulo áureo, según observó Timerding, en el formato de la mayor parte de los libros, los cuadros, las pequeñas tabletas de chocolate, las tarjetas postales, las estampillas, etc. Se destaca asimismo el rectángulo áureo de muchos edificios, que se distinguen por la elegancia de sus líneas arquitectónicas y en el formato común de casi todos los diarios y revistas.

En el rectángulo áureo la altura es igual, aproximadamente, al producto de la base por el número 0.618.

LAS POTENCIAS DE 11

Las potencias enteras de 11 no dejan de llamar nuestra atención y pueden ser incluidas dentro de los productos curiosos.

$$11 \times 11 = 121$$
$$11 \times 11 \times 11 = 1331$$
$$11 \times 11 \times 11 \times 11 = 14641$$

Una disposición no menos interesante presentan los números 9, 99, 999, etc. cuando son elevados al cuadrado

$$9^2 = 81$$
$$99^2 = 9801$$
$$999^2 = 998001$$
$$9999^2 = 99980001$$

Vale la pena observar que el número de nueves a la izquierda es igual al número de ceros que quedan entre los números 8 y 1.

ILUSIÓN ÓPTICA

He aquí una curiosa ilusión óptica. En la figura, las curvas nos parecen elipses deformadas. Pero es un engaño. Todas las curvas principales del dibujo son círculos que tienen su centro en el centro de la figura.

La Matemática posee una fuerza maravillosa capaz de hacernos comprender muchos misterios de nuestra fe.

SAN JERÓNIMO

ORIGEN DE LOS SIGNOS DE RELACIÓN

Robert Record, matemático inglés, será siempre un nombre recordado en la historia de la Matemática por haber sido el primero en emplear el símbolo = (igual) para indicar la igualdad. En su primer libro, publicado en 1540, Record colocaba el símbolo y entre dos expresiones iguales; el signo =, constituido por dos pequeños trazos paralelos, apareció recién en 1557. Comentan algunos autores que en los manuscritos de la Edad Media, el signo =, aparece como una abreviatura de la palabra *est*.

Willhem Xulander, matemático alemán, indicaba la igualdad, a fines del siglo XVI, mediante dos pequeños trazos paralelos verticales; hasta entonces la palabra *aequalis* aparecía relacionando los dos miembros de la igualdad.

Los símbolos > (mayor que) y < (menor que) se deben a Thomas Harriot, que mucho contribuyó con sus trabajos al desarrollo del análisis algebraico.

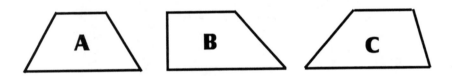

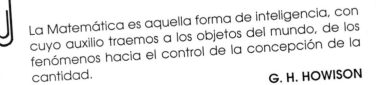

La Matemática es aquella forma de inteligencia, con cuyo auxilio traemos a los objetos del mundo, de los fenómenos hacia el control de la concepción de la cantidad.

G. H. HOWISON

LOS GRANDES GEÓMETRAS

EUCLIDES - uno de los más famosos geómetras de la antigüedad, nació en el año 300 a.C. y murió en el 275 a.C. Estudió en Atenas con los sucesores de Platón. Escribió una obra titulada *Los elementos*, que se hizo famosa. Construyó sus teorías geométricas basado en varias proposiciones (postulados y definiciones), aceptadas sin demostraciones. El V postulado –*el de las paralelas*- fue denominado por d'Alembert el escándalo de la Geometría.

▣ Capítulo 24

PROTÁGORAS Y EL DISCÍPULO

Cuéntase que Protágoras, famoso sofista, admitió en su escuela al joven Enatlus. Y como este era pobre, firmó por contrato con el maestro que pagaría las lecciones cuando ganase la primera causa.

Terminado el curso, Enatlus no se dedicó a la abogacía y prefirió trabajar en el comercio, carrera que le pareció más lucrativa.

De vez en cuando, Protágoras, interpelaba a su ex discípulo respecto al pago de las clases y oía como respuesta invariable la misma disculpa:

- ¡Después que gane la primera causa, maestro! ¡es nuestro contrato!

Protágoras no se conformó con el aplazamiento indefinido del pago y llevó la cuestión ante los tribunales. Quería que el joven Enatlus fuese obligado, por la justicia, a efectuar el pago de la deuda.

Al iniciarse el proceso ante el tribunal, Protágoras pidió la palabra y habló así:

- ¡Señores jueces! ¡O yo gano o yo pierdo esta cuestión! Si yo ganara, mi ex discípulo deberá pagarme porque la sentencia fue a mi favor; si yo perdiera, mi ex discípulo también deberá pagarme en virtud de nuestro contrato pues ganó la primera causa.

- ¡Muy bien! ¡Muy bien! –exclamaron los oyentes. –De cualquier modo, ¡Protágoras gana la cuestión!.

Enatlus que era muy talentoso, al darse cuenta de que su antiguo maestro quería vencerlo mediante un hábil sofisma, también pidió la palabra y dijo a los miembros del tribunal:

- ¡Señores jueces! ¡O yo pierdo o yo gano esta cuestión! Si

perdiera, no debo pagar nada porque no gané la primera causa; si ganara, tampoco debo pagar nada, ¡porque la sentencia fue a mi favor!

Y dicen que los magistrados quedaron desconcertados y no supieron dictar sentencia sobre el caso.

El sofisma de Protágoras consistía en lo siguiente: cuando convenía a sus intereses él hacía valer el contrato, y cuando de algún modo podía perjudicarlo, él pretendía valerse de la sentencia. El joven Enatlus se apoderó del mismo sofisma, con gran habilidad.

CON SEIS PALITOS

Construir cuatro triángulos iguales con seis palitos iguales.

No es posible resolver este problema colocando los seis palitos sobre una superficie plana.

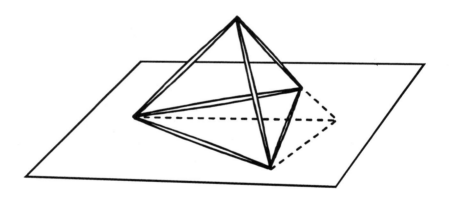

La única solución es la siguiente: colocamos los seis palitos de modo que formen las aristas de un tetraedro regular.

Los cuatro triángulos pedidos corresponderán a las cuatro caras de este tetraedro.

La Matemática, de un modo general, es fundamentalmente la ciencia de las cosas que son evidentes por sí mismas.

FELIX KLEIN

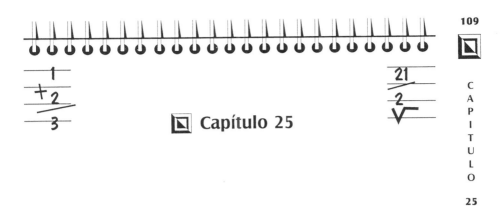

📐 Capítulo 25

LA FANFARRONADA DE ARQUÍMEDES
J. C. Mello e Souza

Un hecho, al que Gino Loria le atribuyó el valor de leyenda, caracteriza el valor de Arquímedes:

Hierón mandó construir una nave de grandes dimensiones la que, debido a su considerable peso, no pudo ser retirada del astillero y lanzada al mar. Hierón, temiendo perder lo invertido en la construcción de la pesada nave, pidió para la solución del caso, el auxilio del reconocido ingenio de Arquímedes. Este, utilizando una máquina que inventó especialmente para tal fin, consiguió, ante la sorpresa general, mover la enorme embarcación y la llevó, con relativa facilidad, hasta el mar.

Se dice que, al recibir las felicitaciones del rey por el éxito de sus esfuerzos, el geómetra respondió con una frase que encierra la célebre fanfarronada en ciencia:

- ¡Dadme un punto de apoyo en el espacio y yo moveré tierra y cielo!

¿Cómo pretendería el célebre siracusano lograr dicha proeza?

Según calculó Ferguson, en *Astronomy Explained*, un hombre que pese 80 kilos, con una palanca de 20 quintillones de kilómetros, al cabo de 20 billones de años, ¡haría que la Tierra se trasladase 25mm!

La Matemática no es una ciencia, sino la Ciencia.
FELIX AUERBACH

EL ESTUDIO DE LA MATEMÁTICA [39]
Euclides Roxo

Para los griegos, la Geometría se convirtió en una ciencia puramente teórica y lógica, que ellos estudiaron casi exclusivamente por la belleza de su estructura.

En los tiempos modernos, sin embargo, el estudio de la Geometría y de la Matemática en general tienen un gran interés práctico por la aplicación de sus verdades a problemas vitales en la ingeniería, la arquitectura, la física y todas las restantes ciencias. Además de dicho interés práctico, tiene como objetivo, no menos importante, la educación del pensamiento lógico y del correcto razonamiento.

LAS SIETE NAVES
C. Laisant

Cierta vez, hace ya algunos años, en ocasión de un congreso científico y al finalizar un almuerzo en el que se encontraban reunidos varios conocidos matemáticos, algunos de ellos ilustres y pertenecientes a diversas nacionalidades, Eduardo Lucas les anunció, inesperadamente, que les acercaría un problema de matemática, de los más difíciles.

- Supongo –comenzó el ilustre geómetra –, siendo, desgraciadamente, una simple suposición, que todos los días al mediodía, parte del puerto del Havre rumbo a Nueva York, una nave y que a la misma hora, un transatlántico de la misma compañía, parte de Nueva York hacia el Havre. La travesía se realiza siempre en siete días, tanto en un sentido como en el otro. ¿Cuántas naves de dicha compañía, siguiendo la ruta opuesta, encuentran en su camino al transatlántico que parte del Havre hoy al mediodía?

Algunos de los ilustres oyentes respondieron irreflexivamente: *siete*. Otros se quedaron callados como si la cuestión los sorprendiera. Ninguno acercó la solución exacta que demuestra con

---

[39] Del libro *Curso de matemática* – *3er año, p. 13.*

perfecta nitidez la figura de abajo.

Este episodio, absolutamente auténtico, enseña dos cosas. Nos muestra, en primer lugar, cuánta indulgencia y cuánta paciencia debemos tener con los alumnos que no comprenden, a simple vista, las cosas que constituyen una novedad para ellos; posteriormente, demuestra claramente la inmensa utilidad de las representaciones gráficas. En efecto, si el más mediocre de los matemáticos poseyera esta noción, la figura que mostramos se hubiera aparecido espontáneamente en su espíritu; la habrían visto y no hubieran dudado. Los oyentes de Lucas, por el contrario, sólo pensaron en naves que debían partir y se olvidaron de las que ya iban en camino; razonaban, pero no veían.

NUEVA YORK

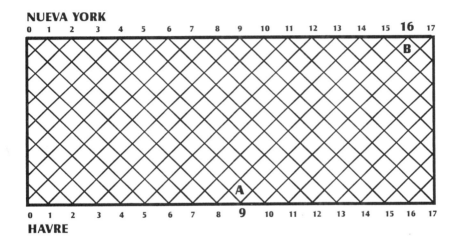

HAVRE

Y, pues, si bien es cierto que un vapor cuyo gráfico es AB, habiendo partido del Havre el día 9 llega a Nueva York el día 16, se encuentra en el mar con 13 barcos, más el que entra al Havre en el momento de la partida y más el que sale de Nueva York en el momento de la llegada, es decir, 15 en total.

La Matemática es la más simple, la más perfecta y la más antigua de las ciencias.
JACQUES HADAMARD

MULTIPLICACIÓN POR LA IZQUIERDA

Una multiplicación es, en general, iniciada por el número de la derecha del multiplicador; un calculista excéntrico podría, sin embargo, comenzarla por el número de la izquierda sin hacer, a través de este sistema, la operación más complicada. En el ejemplo que damos abajo, la multiplicación de los números 632 y 517 puede ser efectuada por ambos procedimientos.

Vemos, por la disposición de los cálculos, que los productos parciales son los mismos en ambos casos, excepto que colocados en orden inverso.

Además de eso, para obtener, en el segundo caso, la correspondencia de las unidades de la misma clase, es necesario correr cada producto parcial una columna a la derecha, en relación con el producto anterior, en vez de hacerla retroceder una columna a la izquierda como se hace comúnmente.

Ejemplo

$$
\begin{array}{r}
632 \\
517 \\
\hline
4424 \\
632 \\
3160 \\
\hline
326744
\end{array}
\qquad
\begin{array}{r}
632 \\
517 \\
\hline
3160 \\
632 \\
4424 \\
\hline
326744
\end{array}
$$

LA METAMORFOSIS DEL NÚMERO DOS

El número *dos* puede convertirse mediante un procedimiento muy simple en un número *tres* y, además de eso, en la letra *M* también.

Para ello, sólo se precisa un papel en blanco y un cuchillo con su lámina limpia y reluciente.

Para efectuar esta curiosa experiencia, basta colocar el cuchillo sobre el dos, precisamente en el centro. La mitad superior reflejada en el lado de la hoja formará el número tres, así como la parte inferior, reflejada también en la parte opuesta de la hoja del cuchillo formará la letra *M*.

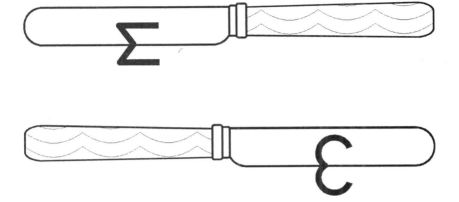

CURVAS Y ECUACIONES

Decía Taine que una pequeña ecuación contiene la curva inmensa cuya ley traduce [40]. Completando el pensamiento del gran filósofo francés, podemos agregar, que una curva en su simpleza, encierra una infinidad de propiedades; refleja un sinnúmero de fórmulas; sugiere un mundo de transformaciones. Además, en la expresión feliz de Sofia Germain, *el Algebra es una Geometría escrita, y la Geometría, un Algebra simbólica.*

El matemático no es perfecto, observa Goethe, «excepto cuando siente la belleza de la verdad». Así, pues, si una ecuación traduciendo cierta ley, nos revela una nueva propiedad, la curva representativa de dicha ecuación realza la incomparable *belleza de esa verdad.*

EL PROBLEMA DE LOS ANANÁS [41]

Dos campesinos, A y B, encargaron a un feriante que vendiera dos partidas de ananás.

---

[40] A. Rebière, Op cit p. 38.
[41] **Nota del traductor**: unidad monetaria brasilera en vigencia desde 1833 hasta 1942, fecha en que se estableció el cruzeiro. (Patrón monetario Mil réis: 1$000 Rs, submúltiplo 100réis: $100 Rs; conto de réis: 1000 Mil réis o 1000$000 Rs o un millón de réis).

El campesino A le entregó 30 ananás, que debían venderse a razón de 3 por 1$000; B le entregó 30 ananás para los cuales estipuló un precio un poco más caro, es decir, a razón de 2 por 1$000.

Era evidente que, efectuada la venta, el campesino A debía recibir 10$000 y el campesino B, 15$000. El total de la venta sería 25$000.

Al llegar a la feria, el encargado entró en duda.

-Si yo empiezo vendiendo los ananás más caros, pensó, pierdo los clientes; si comienzo a negociar con los más baratos, me resultará difícil luego vender los otros. Lo mejor será vender las dos partidas al mismo tiempo.

Habiendo llegado a esa conclusión, el inteligente feriante juntó los 60 ananás y comenzó a venderlos en grupos de 5 por 2$000, es decir, a razón de 400 *reis* cada uno.

Una vez vendidos los 60 ananás, el feriante reunió 24$000.

¿Cómo pagar a los dos campesinos, si el primero debía recibir 10$000 y el segundo 15$000?

Había una diferencia de 1$000 que el hombre no sabía como explicar, pues había puesto el mayor cuidado al hacer el negocio.

Y, muy intrigado con el asunto, repetía decenas de veces el razonamiento sin encontrar la diferencia:

-¡Vender 3 por 1$000 y después vender 2 por 1$000, es lo mismo que vender 5 por 2$000!

¡Y esa bendita diferencia que surge en la cantidad total! Y el feriante amenazaba a la Matemática con terribles maldiciones.

La solución del caso es simple y aparece en la figura que mostramos más abajo. En el rectángulo superior se indican los ananás de A y en el inferior, los de B.

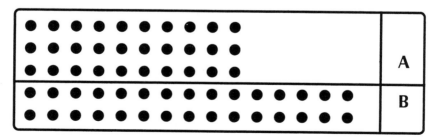

El feriante sólo disponía –como muestra la figura- de 10 grupos que podían ser vendidos sin pérdida, a razón de 5 por 2$000.

Una vez vendidos esos 10 grupos quedaban 10 ananás que pertenecían exclusivamente al campesino B y que por lo tanto sólo podían venderse a 500 reales cada uno.

¡De esto dependía la diferencia que el campesino verificó al terminar la venta y que nunca pudo explicar!

LA GEOMETRÍA
La geometría es una ciencia de todas las especies posibles de espacios.

KANT

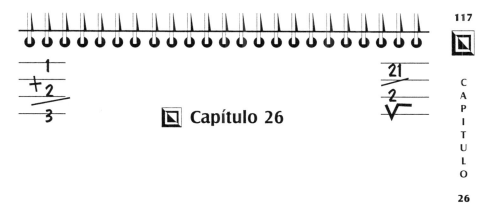

Capítulo 26

LA MASACRE DE LOS JUDÍOS

El historiador Josefo, gobernador de Galilea, que resistió heroicamente el ataque de las legiones de Vespaciano, siendo finalmente vencido, se refugió en la meseta de Masada con 40 patriotas judíos. Sitiados por los romanos, decidieron matarse antes que entregarse al enemigo. Se formaron en rueda y contaron 1, 2 y 3, y a todo aquel al que le tocaba el número tres se le mataba.

¿En qué lugar, debía estar Josefo para escapar a esta horrible matanza?

La solución de este problema puede obtenerse fácilmente con auxilio de un práctico dispositivo: basta escribir en rueda 41 números y, comenzando por el primero, tachar cada número de tres en tres.

Después de recorrer todo el círculo, continuar contando del mismo modo, sin tomar en consideración los números tachados, porque representan los soldados muertos. Al terminar el trabajo, se observa que dos judíos escaparon a aquella matanza: fueron los que se encontraban en los lugares 16 y 31. Uno de esos lugares privilegiados fue elegido por el gobernador Josefo, quien, en lugar de matar a su compañero y después suicidarse, resolvió entregarse con todas las garantías a Vespaciano.

He aquí una leyenda que se cree data del siglo I de la era cristiana.

LOS REYES Y LA GEOMETRÍA

Ptolomeo Soter, rey de Egipto, fundador de una dinastía que se hizo notable, resolvió crear en Alejandría, un centro de estudios capaz de rivalizar con las escuelas griegas más famosas de Platón y Pitágoras.

El soberano egipcio mandó llamar entonces a Euclides y lo invitó a ocupar en la nueva *escuela* de Alejandría, una de las posiciones más elevadas.

En la distribución de las materias que debían ser estudiadas en la academia, la parte referente a Aritmética y a Geometría, le correspondió naturalmente a Euclides. Ptolomeo le pidió que escribiera un tratado en el que se expusieran las nociones de Geometría con claridad, precisión y también con simplicidad.

Una vez terminada la tarea, Euclides llevó al rey su trabajo. Lo ayudaba un esclavo que llevaba las numerosas hojas cuidadosamente enrolladas. El monarca, rodeado de sus generales y cortesanos, recibió al geómetra en solemne audiencia. Sorprendido tal vez con el gran desarrollo dado al trabajo, el rey le preguntó a Euclides si no había otro camino más suave, menos espinoso, que le permitiese llegar al conocimiento de la Geometría.

Respondió el geómetra:

- No, príncipe, ¡en Matemática no existe ningún camino hecho especialmente para los reyes!

LA MODESTIA DE STURM

Sturm, cuando se refería al célebre teorema descubierto por él, decía:

El teorema cuyo nombre yo tengo el honor de usar.

LA MUERTE DE HIPATIA

En otros tiempos, vivió en Alejandría una mujer que se hizo famosa por la cultura matemática que poseía. Se llamaba Hipatia y nació en el año 375 de nuestra era. Consiguió Hipatia reunir gran número de discípulos que se aproximaban atraídos por su elocuencia, por su talento, por su belleza y por sus virtudes. Esa hermosa mujer que comentó las obras de Diofanto, tuvo un fin trágico: fue asesinada por el populacho exaltado durante un motín ocurrido en las calles de Alejandría.

LA CORONA DE HIERÓN

Hierón, rey de Siracusa, mandó en el año 217 AC a su orfebre diez libras de oro para confeccionar una corona que quería ofrecer a Júpiter.

Cuando el rey recibió la obra terminada verificó que tenía las diez libras de peso pero el color del oro le inspiraba desconfianza, como si el orfebre hubiese mezclado plata y oro. Para evacuar la duda, consultó al famoso matemático Arquímedes.

Éste, habiendo descubierto que el oro pierde en el agua 52 milésimas de su peso y la plata, 99 milésimas, buscó saber el peso de la corona sumergida en agua y descubrió que era de 9 libras y 6 onzas. Con estos tres datos, descubrió la cantidad de plata que tenía la corona.

¿Quién podrá calcular la cantidad de oro y plata que contenía el regalo destinado al dios de los dioses?

Existe, en relación a este problema, una leyenda muy curiosa:

Se cuenta que Arquímedes estuvo mucho tiempo sin poder resolver el problema propuesto por el rey, hasta que un día, estando en el baño, descubrió la manera de solucionarlo y, entusiasmado, salió corriendo hacia el palacio del monarca, gritando por las calles de Siracusa: -¡Eureka! ¡Eureka! –que quiere decir: ¡Lo encontré! ¡Lo encontré!

EL EPITAFIO DE DIOFANTO

Un problema de la antología griega presentado bajo la curiosa forma de un epitafio:

La tumba que encierra a Diofanto es una maravilla digna de contemplar. La piedra posee un artificio aritmético que nos permite revelar su edad:

Dios le concedió pasar la sexta parte de su vida en la juventud; un duodécimo en la adolescencia; un séptimo, inmediatamente, lo pasó en un casamiento estéril. Pasaron cinco años más después de los cuales nació un hijo. Pero este hijo, ¡desdichado y sin embargo, bien amado! –apenas había llegado a la edad de su padre cuando murió. Cuatro años todavía, mitigando su propio dolor con el estudio de la ciencia de los números, pasó Diofanto antes de llegar al término de su existencia.

En lenguaje algebraico, el epigrama de la antología sería traducido mediante la siguiente ecuación de primer grado:

$$\frac{x}{6} + \frac{x}{12} + \frac{x}{7} + 5 + \frac{x}{2} + 4 = x$$

En la cual x representa el número de años que vivió Diofanto. ¿Podremos saber su edad?

$72 \cdot 7 = 504$

$504 \cdot 2 = 1008$

$\dfrac{1008}{6} = 168$

$\dfrac{1008}{12} = 84$

$\dfrac{1008}{7} = 144$

$\dfrac{1008}{2} = 504$

168
84
144
5040
504
4032
——
9.972

LOS GRANDES GEÓMETRAS

PTOLOMEO - célebre astrónomo griego. Nació en Egipto en el siglo II y contribuyó grandemente, con sus estudios, al desarrollo de la Matemática y de la Geografía. Admitía que la Tierra estaba fija y colocada en el centro de nuestro sistema. Escribió una obra para probar que el espacio no podía tener más de tres dimensiones.

$1008 \cdot 5 = 5040$

$1008 \cdot 4 = 4032$

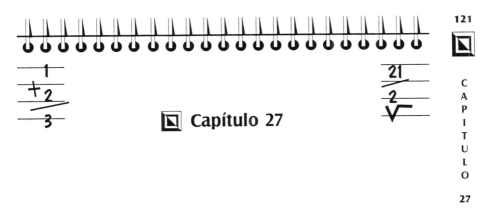

◨ Capítulo 27

LA MUERTE DE ARQUÍMEDES

Dice Malet que Arquímedes poseía en alto grado las dos grandes cualidades de un militar: *precaución y decisión*. Además del caso de la corona de Hierón, el episodio más citado en la carrera de Arquímedes fue, sin dudas, el del dispositivo formado por espejos cóncavos con el que, gracias a la concentración de rayos solares, logró incendiar las naves romanas que se ponían a su alcance, haciendo incidir sobre ellos *un rayo ardiente y destructor*.

Lo cierto es que, durante tres años, Marcelo luchó en vano contra la resistencia pertinaz de los siracusanos. La fuerza romana no lograba vencer el ingenio de Arquímedes. Siracusa sólo pudo ser tomada el día en que sus habitantes, ocupados en la solemne fiesta en honor de Diana, dejaron desprotegido uno de los lados de la muralla. Los romanos, que en la víspera habían sufrido un duro revés, aprovecharon el descuido e invadieron la ciudad, que fue tomada y saqueada.

Se dice que Arquímedes, absorto en el estudio de un problema, había trazado para su solución una figura geométrica en la arena cuando un legionario romano lo increpó y lo intimó a comparecer ante Marcelo.

El sabio le pidió que esperara un tiempo, para que él pudiera terminar la demostración que estaba haciendo. Irritado al no ser inmediatamente obedecido, el sanguinario romano, asestó un golpe de espada, postrando sin vida al mayor sabio de su tiempo.

Marcelo, que había dado orden de proteger la vida de Arquímedes, no ocultó su pesar al saber de la muerte del genial adversario. Sobre la lápida de la tumba que erigió, Marcelo mandó grabar una esfera inscripta en un cilindro, figura que recordaba un teorema del célebre geómetra.

Arquímedes, cuyo nombre es patrimonio de la ciencia, demostró el poder de la inteligencia humana puesta al servicio de un acendrado patriotismo.

La matemática ha sido el alfabeto con el cual Dios ha escrito el UNIVERSO.

GALILEO GALILEY

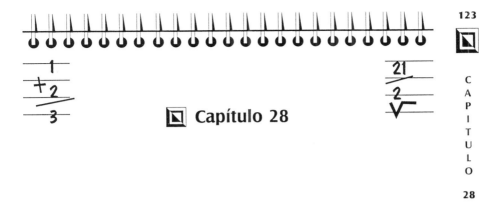

🔲 **Capítulo 28**

LUGAR PARA EL 6

Tomemos el número 21578943 en el que figuran todos los números excepto el 6.

Si multiplicamos este número por 6, vamos a obtener un resultado muy interesante: un número de 9 cifras que incluye todos los números de la cifra anterior más el número 6.

$$\begin{array}{r} 21578943 \\ \times\, 6 \\ \hline 129473658 \end{array}$$

Un curioso de las transformaciones numéricas observó que los números habían cambiado de posición para permitir que el número 6 apareciera en el producto. ¡Una delicadeza que los números del multiplicando quisieron ofrecerle al único número del multiplicador!

No hay ciencia que hable de las armonías de la Naturaleza, con más claridad que las Matemáticas.

PAULO CARUS

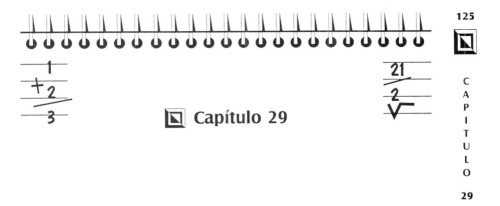

▣ Capítulo 29

EL CONO TRUNCADO

Existen ciertas figuras geométricas completamente olvidadas por los escritores y por eso no aparecen citadas en los trabajos literarios. La pirámide truncada, por ejemplo, es una forma poco apreciada.

Entre los cuerpos redondos encontramos el tronco de cono citado con admirable precisión por Menotti de Picchia en el romance de *Lais:*

Alrededor, los muchachos lamían la nieve azucarada en los conos truncados de los buñuelos de harina de mandioca (p. 13, 5ª ed.)

Este mismo autor, en su libro, *El Diente de Oro* (p. 136), dejó salir de su pluma esta interesante figura:

Dos cipreses cónicos, paralelos...

Sería interesante observar esas dos figuras cónicas paralelas. El paralelismo se verifica exclusivamente respecto al eje de los dos conos.

SOFISMA ALGEBRAICO

2 = 3

Vamos a probar que el número 2 es igual a 3.

Tomemos la igualdad:

$$2 - 2 = 3 - 3$$

La expresión 2 – 2 puede escribirse como 2 (1 – 1), y la diferencia 3 – 3 es equivalente a 3 (1 – 1). Entonces:

$$2 (1 - 1) = 3 (1 - 1)$$

Eliminando en ambos miembros el factor común, tenemos:

$$2 = 3$$

Resultado que demuestra un absurdo.

Observación

El error del sofisma consiste en dividir ambos miembros de la igualdad por 1 – 1, es decir, por cero – operación que no es permitida en Álgebra.

ELOGIO DE LA MATEMÁTICA

Sin la Matemática, no habría Astronomía; sin los recursos maravillosos de la Astronomía, sería completamente imposible la navegación. Y la navegación ha sido el mayor factor de progreso de la humanidad.

ANTONIO COSTA

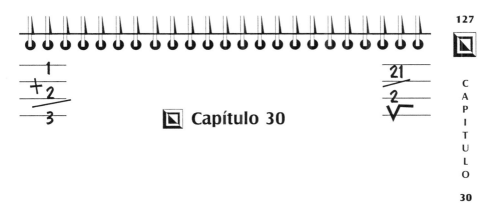

Capítulo 30

LA LÍNEA RECTA

En la obra de Euclides llamada *Los elementos,* obra clásica de la Geometría, encontraremos las siguientes definiciones:

La línea es una cantidad solamente larga, es decir, sin ancho ni espesor.
La línea recta es la que corre en forma directa de un extremo a otro sin desviarse para ningún lado. [42]

Es evidente que las definiciones euclídeas no pueden resistir una crítica medianamente severa, por eso, no satisfacen los requisitos exigidos para una buena definición. Los conceptos de largo y ancho, utilizados por Euclides para definir la recta, no pueden ser comprendidos a menos que previamente se haya fijado el concepto general de línea.[43]

Es interesante señalar, sin embargo, las diversas interpretaciones dadas por los autores a las definiciones del geómetra griego.

Max Simon adoptó el siguiente enunciado para definir una recta:

Recta es la curva que se conserva igual en todos sus puntos.[44]

---

[42] *Dichos enunciados fueron reproducidos en la traducción portuguesa de los* Elementos, publicada en 1735 por el Padre Manuel Campos, S.J.

[43] *Las denominadas definiciones euclídeas no son más que descripciones más o menos imperfectas, basadas en datos intuitivos.*

[44] *Encontramos en Ugo Amaldi* – La rette é quella linea che giace sui suoi punti in modo unniforme. «Questioni riguardani le Mathematiche Elementari» – I vol. P. 43.

La forma dada por Simon, de acuerdo al análisis hecho por Ugo Amaldi, puede interpretarse de varias formas. La propiedad atribuida a la recta de *conservarse o extenderse uniformemente en todos sus puntos,* no pertenece exclusivamente a dicha línea.

Euclides incluyó, entre sus postulados, la siguiente proposición: *dos rectas no limitan espacio alguno* [45] que encierra la propiedad relativa a la determinación de la recta mediante dos puntos.

Arquímedes pretendía definir la recta como siendo *la distancia más corta entre dos puntos.* Esta definición avalada por Legendre, tuvo amplia aceptación; no obstante la definición de Arquímedes queda presa en un círculo vicioso que la distorsiona. ¿Cómo afirmar el concepto de distancia independientemente de la noción de recta? [46]

Al establecer las realidades iniciales en las que se detiene el trabajo del sabio, el principio racional se ejerce bajo la forma negativa, reservando a la experiencia el papel positivo. Que desde el inicio de la especulación geométrica haya intervenido la experiencia de un modo decisivo, es lo que prueba la definición de recta conservada en el Parménides *de Platón: Se llama recta a la línea cuyo medio está colocado en el trayecto entre las dos extremidades.*

Esta definición no es la ingeniosa invención de un teórico sino que se refiere a la práctica. *Con el objetivo de estar seguros de que la línea trazada es recta, se actúa de modo tal que el ojo permanezca en el extremo de la línea del mismo modo que lo hace un sargento para alinear a sus hombres. Al corregirse todos los desvíos que pudieran presentarse, la línea se reduce a un punto; está recta.* [47]

Leibniz buscaba para la recta una definición basada en la idea de movimiento: *Una recta es la línea tal que con sólo mantener fijos dos de sus puntos se mantienen fijos los puntos restantes;*

---

[45] *Dicho principio fue incluido entre las «nociones comunes». Paul Tannery –* Mémoires scientifiques – II vol. P. 50.

[46] *Questa definizione (de Legendre) ebbe il medesimo largo suceso degli* Elements de Géometrie. *Ma sono sen'zaltro manifesti i difetti che essa presenta, se non é associata ad un oportuno sistema di postulati, i quali determinando, independentemente dalla retta il concetto di lunghezza, rendendo possibile il confronto, rispett di lunghezza di linee diverse e stabiliscan l'esistenza e l'ucinitá del minimo- Ugo Amaldi, op.cit.p.45.*

[47] *L. Brunschvicg –* Les étapes de la philosophie mathématique, 1929, p. 504.

o de lo contrario: *la recta es la línea que permanece inmóvil cuando gira en torno a dos puntos fijos.*[48]

También se citan, entre las definiciones presentadas para la recta, las siguientes:

Recta es la línea que es dividida por un punto en dos partes iguales.

Recta es la línea que divide el plano en dos partes que coinciden por superposición.

Esta última, atribuida a Leibniz, presenta el grave inconveniente de subordinar la definición de recta al concepto de plano; la otra manifiesta una propiedad que se observa igualmente en la hélice cilíndrica.

LOS NÚMEROS

Es interesante observar, a través de los documentos antiguos, la forma en que evolucionaron los números antes de llegar a las formas definitivas que presentan hoy en día.

Mediante el cuadro que presentamos a continuación, podemos observar las curiosas transformaciones de los símbolos que utilizamos en los cálculos.

(950) { 1,2,3,8,4,5,7,<,5,7°

(1100) { 1,2,7,9,4,5,7,8,9,1

(1385) { 1,2,3,2,4,5,^,8,9,10

(1400) { 1,2,3,4,5,6,7,8,9,10

(1480) { 4,2,3,4,5,6,^,8,9,10

(1482) { 1,2,3,9,4,6,^,8,9,10

En el primer renglón se muestran los números hindúes que se usaban en el siglo X. El 6 parecía un cinco y el 5 recuerda

---

[48] *La línea no podrá ser definida por sus propiedades, para cuya comprensión se hace indispensable apelar a la intuición directa.* – Les fondements des mathématiques, 1926, p. 5. C. Gonseth.

perfectamente el cuatro moderno. Dichos números (4, 5, y 6) se remontan tal vez al año 150 a.C.

En el segundo renglón, encontramos los números árabes en uso en el siglo XII. El 7 difiere mucho del árabe moderno pero se aproxima mucho a la forma que tiene actualmente.

Ya en el siglo XIV, como podemos observar en el tercer renglón, los números tienden a las formas más simples; el 8 y el 9 y los tres primeros (1, 2 y 3) aparecen claramente con sus trazos bien definidos.

LA GEOMETRÍA
La Geometría, en general, aun es considerada la ciencia del espacio.

COUTURAT

Capítulo 31

EL PROBLEMA DEL AJEDREZ [49]

Dice una antigua leyenda que Lahur Sessa ofreció al rey Iodava, señor de Talinga, el juego de ajedrez que había inventado. El monarca, encantado con el maravilloso presente, le quiso dar a Sessa una recompensa y dirigiéndose al joven bramán, le dijo:

- Quiero recompensarte, amigo mío, por este maravilloso regalo que me ha servido para aliviar mis viejas angustias. Dime, pues, lo que deseas para que yo pueda demostrar la forma en que manifiesto mi agradecimiento a todos aquellos que merecen ser recompensados.

Las palabras con las que el rey manifestaba su generoso ofrecimiento mantenían imperturbable a Sessa. Su rostro sereno no evocaba la menor emoción, ni la más insignificante muestra de alegría o sorpresa. Los visires lo miraban atónitos y se miraban de reojo frente a la apatía de una codicia a la que se le estaba concediendo el derecho de la más libre expresión.

- ¡Poderoso rey! - exclamó el joven. - No deseo por el presente que os he traído, otra recompensa más allá de la satisfacción de haber proporcionado al señor de Talinga un pasatiempo agradable que pueda aliviar las horas antes prolongadas por una tristeza agobiante. Yo estoy, por lo tanto, soberanamente retribuido y cualquier otro pago sería excesivo.

Sonrió desdeñosamente el buen soberano al oír aquella res-

---

[49] *Incluimos aquí solamente la parte final de un cuento de Malba Tahan titulado «La recompensa de Sessa», del libro Las leyendas del oasis.*

puesta que reflejaba un interés tan raro entre los hindúes. Y, sin creer en la sinceridad de Sessa, insistió:

- ¡Me causa asombro tu simplicidad y tu desamor por los bienes materiales, joven! La modestia, cuando excesiva, es como el viento que apaga la antorcha, dejando al caminante en la oscuridad de una noche interminable. Para que el hombre pueda vencer los múltiples obstáculos que le ofrece la vida, precisa tener el espíritu preso a las raíces de una ambición que lo encamine a un ideal cualquiera. Exijo, por lo tanto, que elijas, sin más demora, una recompensa digna de tu valiosa oferta. ¿Quieres una bolsa llena de oro? ¿Deseas un arcón lleno de joyas? ¿Ya pensaste en poseer un palacio? ¿Ansías la administración de una provincia? ¡Aguardo tu respuesta pues mi promesa está atada a mi palabra!

- Rehusar vuestro ofrecimiento después de vuestras últimas palabras - respondió Sessa - sería menos una descortesía que una desobediencia al rey. Voy a aceptar entonces, a causa del juego que inventé, una recompensa que corresponda con vuestra generosidad; no deseo, sin embargo, ni oro ni tierras ni palacios. Pido mi recompensa en granos de trigo.

- ¿Granos de trigo? - exclamó el rey, sin ocultar el espanto que le causaba semejante propuesta. - ¿Cómo podría pagarte con tan insignificante moneda?

- Nada más simple - aclaró Sessa. - Me daréis un grano de trigo por el primer casillero del tablero; dos por el segundo; cuatro por el tercero; ocho por el cuarto; y así, duplicando sucesivamente hasta el sexagésimo cuarto casillero del tablero. ¡Os pido, oh rey, de acuerdo a vuestra magnánima oferta, que autoricéis el pago en granos de trigo, del modo que indiqué!

Tanto el rey como los visires y los venerados bramanes presentes se rieron estrepitosamente al escuchar el extraño pedido del tímido inventor. La falta de ambición que inspirara aquel pedido era, en realidad, asombrosa para quien menos apego tuviese por los logros materiales en la vida. El joven bramán, que bien podría obtener del rey un palacio o una provincia, ¡se contentaba con granos de trigo!

- ¡Insensato! - exclamó el rey. - ¿Dónde aprendiste tamaño desamor por la fortuna? La recompensa que me pides es ridícula. Sabes bien que existe en un puñado de trigo un número incontable de granos. Debes comprender, sin embargo, que con dos o tres medidas de trigo te pagaré holgadamente, conforme a tu pedido, de acuerdo a los sesenta y cuatro casilleros del tablero. Es cierto pues que, pretendes una recompensa que apenas alcanzará para paliar, durante algunos días, el hambre del último *paria*[50] de mi reino. Entonces, dado que mi palabra fue dada, voy a dar órdenes para que el pago se haga inmediatamente de acuerdo a tu deseo.

El rey mandó llamar a los algebristas más hábiles de la corte y les ordenó que calculasen la porción de trigo que Sessa pretendía.

Los sabios matemáticos, al cabo de algunas horas de esmerados estudios, volvieron a la sala para entregar al rey el resultado exacto de sus cálculos.

El rey les preguntó, interrumpiendo su partida:

- ¿Con cuántos granos de trigo podré cumplir la promesa que le hice al joven Sessa?

- Magnánimo rey - respondió el más sabio de los geómetras – hemos calculado el número de granos de trigo que constituirá el pago pedido por Sessa y obtuvimos un número [51] cuya magnitud es inconcebible por la mente humana. Convalidamos con la mayor rigurosidad, a cuántas bolsas equivaldría el total de los granos y llegamos a la siguiente conclusión: la cantidad de trigo que se le debe entregar a Lahur Sessa equivale a una montaña que teniendo por base la ciudad de Talinga, ¡fuese cien veces más alta que el Himalaya! ¡La India entera, con la totalidad de sus campos sembrados, taladas todas las ciudades, no alcanzaría a producir la cantidad de trigo que, según vuestra promesa, cabe dar, en pleno derecho, al joven Sessa!

¿Cómo describir aquí la sorpresa y el asombro que dichas palabras causaron al rey Iadava y a sus visires? El soberano hindú se veía, por primera vez, ante la imposibilidad de cumplir la palabra dada.

Lahur Sessa - rezan las crónicas de su tiempo- como buen súbdito, no quiso que su soberano quedara angustiado. Después de declarar públicamente que se desprendía de aquello que había pedido, se dirigió respetuosamente al monarca y dijo:

- Meditad, oh rey, sobre esa gran verdad que los prudentes bramanes tantas veces repiten: Los hombres más sagaces se confunden, no sólo frente a la apariencia engañosa de los nú-

---

[50] *Nombre dado a los individuos privados de cualquier derecho religioso o moral.*
[51] *Dicho número contiene 20 dígitos y es el siguiente: 18.446.744.073.709.551.615.*

meros, sino también con la falsa modestia de los ambiciosos. Desdichado aquel que asume sobre sus hombros los compromisos de honor por una deuda cuya magnitud no puede evaluar con la regla de cálculo de su propia astucia. ¡Más sagaz es el que mucho reflexiona y poco promete! Después de una pequeña pausa, agregó: - menos aprendemos con la ciencia vana de los bramanes que con la experiencia directa de la vida y sus diarias lecciones, ¡en todo momento desdeñadas! El hombre que más vive, más sujeto está a los desasosiegos morales, aunque no los desee. Se sentirá a veces triste, a veces alegre; hoy fervoroso, mañana tibio; a veces activo, a veces perezoso; la mesura alternará con la imprudencia. Sólo el verdadero sabio, instruido en las reglas espirituales, se eleva por encima de las vicisitudes, manteniéndose por encima de dichas alternativas.

Estas inesperadas y tan sabias palabras calaron profundo en el espíritu del rey. Olvidando la montaña de trigo que, sin querer, le había prometido al joven bramán, lo nombró su primer visir.

Y Lahur Sesa, distrayendo al rey con ingeniosas partidas y orientándolo con sabios y prudentes consejos, concedió los más destacados beneficios a su pueblo y al país para brindar mayor solidez al trono y mayor gloria a su patria.

Por la certeza indudable de sus conclusiones, la Matemática constituye el ideal de la Ciencia.

BACON

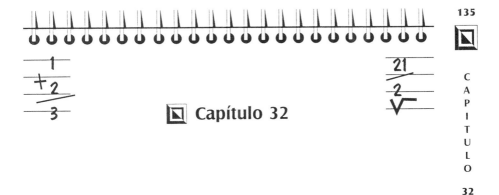

■ **Capítulo 32**

LA FAMA DE EUCLIDES

Euclides alcanzó una fama incomparable. Baste decir que, en su tiempo, su nombre designaba no sólo al geómetra sino también al conjunto de sus trabajos científicos. Algunos escritores de la Edad Media llegaron a negar la existencia de Euclides y con admirable e ingenioso artificio lingüístico explicaron que la palabra Euclides no era más que la deformación de una expresión griega formada por dos palabras que significaban, respectivamente, *clave* y *geometría*.

EL NÚMERO 100

Escribir una expresión igual a 100 en la cual figuren, sin repetir, los nueve números significativos.

He aquí dos soluciones presentadas para este problema:

$$100 = 1 + 2 + 3 + 4 + 5 + 6 + 7 + 8 \times 9$$

$$100 = 91 + \frac{5742}{638}$$

Podemos también escribir el número 100 con 4 nueves:

$$100 = 99 + \frac{9}{9}$$

Empleando 7 veces el número ocho podemos formar una expresión igual a 100:

$$100 = \frac{88}{8} + \frac{8}{8} + 88$$

Existe en este género una infinidad de pequeños problemas numéricos.

 He aquí la Matemática, la creación más original del ingenio humano.

WHITEHEAD

🔲 **Capítulo 33**

LOS CUADRADOS MÁGICOS

Tomemos un cuadrado y dividámoslo en 4, 9, 16... cuadrados iguales a los que denominaremos casilleros.

En cada uno de estos casilleros coloquemos un número entero. La figura obtenida será un *cuadrado mágico* cuando la suma de los números que figuran en una columna, en una fila o en la diagonal sea siempre la misma. Dicho resultado invariable se denomina *constante* del cuadrado y el número de casilleros de una fila es el *módulo* del cuadrado.

Los números que ocupan los diferentes casilleros de un cuadrado mágico deben ser todos diferentes.

En el dibujo original de Acquarone figura un cuadrado mágico de módulo 3 con la constante igual a 15.

Es oscuro el origen de los cuadrados mágicos. Se cree que la construcción de dichas figuras constituía, ya en épocas remotas, un pasatiempo que captaba la atención de un gran número de curiosos.

Como los antiguos atribuían a ciertos números propiedades cabalísticas, era muy natural que hallaran virtudes mágicas en los arreglos especiales de dichos números.

Los cuadrados mágicos de módulo impar, escribe Rouse Ball[52], fueron construidos en India en un periodo anterior a la era cristiana e introducidos por Moschopoulos, aparecieron en Europa en los primeros años del siglo XV. No pocos astrónomos y físicos de la Edad Media estaban convencidos de la importancia de estos arreglos numéricos. El famoso Cornelio Agrippa (1486–

---

[52] *Rouse Ball* – Récréations Mathématiques, *p. 156, II vol.*

1535) construyó cuadrados mágicos con los módulos 3, 4, 5, 6, 7, 8 y 9 que representaban simbólicamente a los siete astros que los astrólogos de aquel tiempo denominaban *planetas*: Saturno, Júpiter, Marte, Sol, Venus, Mercurio y la Luna. Para él, el cuadrado con un casillero (módulo 1), teniendo en dicho casillero único al número 1, simbolizaba la unidad y la eternidad de Dios y como el cuadrado con cuatro casilleros no podía ser construido, él infería de este hecho la imperfección de los cuatro elementos: aire, tierra, agua y fuego; posteriormente –agrega Rouse Ball- otros escritores afirmaron que este cuadrado debía simbolizar el pecado original. Agrippa, acusado de practicar la hechicería, fue condenado a un año de prisión.

2	9	4
7	5	3
6	1	8

Cuadrado mágico

4	5	16	9
14	11	2	7
1	8	13	12
15	10	3	6

Cuadrado hipermágico

Los orientales que observaban todos los hechos cotidianos de la vida bajo el prisma de la superstición, creían que los cuadrados mágicos eran amuletos y ayudaban a preservarlos de ciertas molestias. Un cuadrado mágico de plata, colgado del cuello, evitaba el contagio de la peste.

Cuando un cuadrado mágico presenta cierta propiedad, como por ejemplo, la de ser descomponible en varios cuadrados mágicos es denominado un *cuadrado hipermágico*.

Entre los cuadrados hipermágicos podemos citar los *cuadrados diabólicos*. Así se denominan los cuadrados que continúan siendo mágicos cuando trasladamos una columna o una fila de un lado a otro.

Entre los cuadrados mágicos singulares podríamos citar los *bimágicos* y los *trimágicos*.

Se denomina *bimágico* al cuadrado que continúa mágico cuando elevamos todos sus elementos al cuadrado. *Trimágico* es aquel que no pierde su propiedad cuando elevamos sus elementos al cubo.

Para la construcción de los cuadrados mágicos hay diversos procedimientos. [53]

En 1693, Frenicle de Barry publicó un estudio sobre los cuadrados mágicos y presentó una lista completa de 880 cuadrados mágicos de módulo igual a 9.

Fermat, famoso matemático francés, hizo también admirables estudios sobre los cuadrados mágicos.

Entre aquellos que contribuyeron al desarrollo de la teoría de los cuadrados mágicos debemos citar a Euler, quien consagró varias memorias a esa curiosa diversión matemática.

A continuación mostramos un cuadrado mágico muy interesante de origen chino que parece remontarse al año 2800 a.C. Es curioso destacar que en dicho cuadrado, los números todavía no se representaban por cifras sino por conjuntos de objetos.

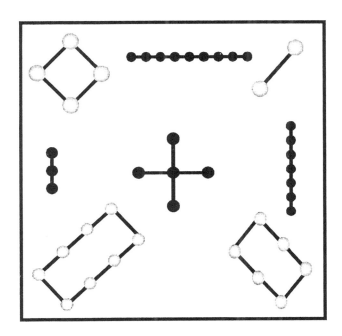

[53] *Para un estudio más completo sugerimos M. Kraitchik:* Traité des magiques *Gautier – Villars, 1930.*

ORIGEN DEL SIGNO DE DIVISIÓN

Las formas a/b y a/b (ver según el texto), indicando la división de *a* por *b*, se atribuyen a los árabes; Oughtred, en 1631, colocaba un punto entre el dividendo y el divisor.

La razón entre ambas cantidades se indica por el símbolo :, que apareció en 1657 en una obra de Oughtred. El simbolo ÷, según Rouse Ball, resultó de una combinación de dos signos existentes – y :.

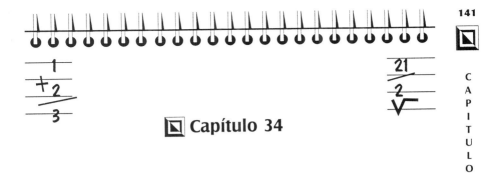

Capítulo 34

LA MUJER QUE SACRIFICÓ LA BELLEZA POR LA CIENCIA
Luis Freire

El sabio matemático portugués Gomes Teixeira comentó, en una famosa conferencia sobre Mme. de Kovalewski lo que le oyó decir a la esposa de su primer profesor: *Dijo que Sonja había estado en su casa poco tiempo después de ser coronada por la Academia de Ciencias de París y que, debiendo estar llena de satisfacción y orgullo por haber conseguido tan elevada distinción, que muchos hombres desean y pocos obtienen, estaba triste y desalentada, llegando a decirle que la mujer no debe ocuparse de las ciencias y que su destino natural es otro, porque las Matemáticas son muy áridas para cerebros femeninos y que la ciencia no le había dado felicidad.*

Al preguntarle si ella era hermosa y si tenía la mirada sugestiva que resaltaban sus biógrafos, la mujer le respondió: *Ella era muy amable cuando se acercó a Heidelberg; tenía un aspecto vivaz y dulce, ojos maravillosos y lindos cabellos; pero que últimamente había perdido muchos de sus encantos a causa de una enfermedad nerviosa, resultado de los exagerados esfuerzos que había realizado para vencer las dificultades que presentaban las elevadas cuestiones en las que se ocupaba. Así, el rostro se había arrugado, el aspecto se había endurecido, los ojos habían disminuido su brillo y los cabellos mal peinados habían perdido su antigua belleza.*

Y el sabio confesó con sinceridad:

- Me impresionó lo que oí, me provoca dolor ver a una mujer

tan valiosa que, después de haber sacrificado a la ciencia la belleza, la salud y la alegría y, aunque joven todavía, se halle tan cerca ya del fin de la vida; herida por no haber sido verdaderamente mujer, exclamando en un grito de dolor que la ciencia no le había dado felicidad.

La gloria de haber sido la discípula predilecta de Weierstrass la perdió porque tuvo que acceder a regiones elevadas y difíciles de la ciencia, donde el trabajo le exigió profunda meditación, superior a sus propias fuerzas físicas.

Con un maestro menos valioso, hubiera trabajado en campos científicos más modestos, en los que su espíritu, lleno de talento e imaginación, hubiera recogido resultados notables sin un esfuerzo tan exagerado.

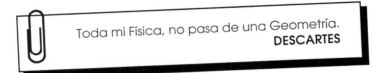

Toda mi Física, no pasa de una Geometría.
DESCARTES

▣ Capítulo 35

LA NUMERACIÓN ENTRE LOS SALVAJES
Raja Gabaglia

Los tamaníes del Orinoco tienen nombres de desconocida etimología para los números hasta el cuatro;[54] al número cinco se lo expresa con una palabra que significa, en lenguaje corriente, *mano entera*; para indicar el seis emplean la expresión *uno de la otra mano*; el siete, *dos de la otra mano*. Y así van formando sucesivamente los números hasta el diez, que es designado por las palabras *dos manos*.

Para el once, muestran las dos manos y muestran un pie, diciendo una frase que podríamos traducir como: *uno del pie*; el doce sería *dos del pie* y así hasta llegar a quince, que corresponderá precisamente a la frase *un pie entero*.

El número dieciséis tiene una estructura interesante, puesto que se lo identifica con la frase *uno del otro pie*, pasando al diecisiete dirían *dos del otro pie*; del mismo modo irían formando los otros números enteros hasta el veinte, que es *tevin itóto*, es decir *un indio*.

El número siguiente a ese *tevin itóto*, el veintiuno, para los hijos del Orinoco, corresponde a la expresión: *uno de las manos de otro indio*.

Un método semejante es usado entre los habitantes de Groenlandia, para los cuales el cinco es *tatdlimat* (mano); el seis es *arfinek ottausek* (uno sobre la otra mano); veinte es *inuk navdlugo* (un hombre completo). Vale la pena citar aquí, a título de curiosidad, la forma en la que los nativos de Groenlandia

---

[54] *Tylor* – Primitive Culture.

representan al número cincuenta y tres. Dicho número se expresa mediante una frase que quiere decir literalmente: ¡*tres dedos del primer pie del tercer hombre*!

En un gran número de tribus brasileras:[55] cairiríes, caraibas, carajás, coroados guakíes, juríes, omaguas, tupíes, etc., aparecen con ciertas variantes los números digitales: los omaguas emplean la palabra *pua*, que significa *mano* para expresar también el cinco, y con la palabra *puapua* indican 10; los juríes, con la misma frase, indican, indiferentemente, *hombre* o cinco. Según Balbi, los guaraníes dicen *po-mocoi* (dos manos) para el diez y *po-petei* (una mano) para el cinco.

En el Bakahiri[56] existen nombres *especiales* para designar los números uno, dos y tres; el cuatro esta formado por la expresión *dos y dos*; el cinco esta indicado por una frase que significa *dos y dos y uno*; análogamente forman el número seis diciendo *dos y dos y dos*.

A partir de dicho número (6), se limitan a mostrar todos los dedos de la mano (como ya hacían para los primeros números), y después todos los dedos de los pies palpándolos pausadamente, dedo por dedo, demorándose en el dedo correspondiente al número. Es un ejemplo admirable de una lengua donde el gesto indica al número, al no existir vocablos propios, salvo para los tres primeros cardinales.

Asimismo existen dudas con relación a la existencia de vocablos especiales para los primeros (uno, dos, tres), pues Von den Steinen declara que en su primer viaje oyó el número tres expresado por una palabra que significaba, *dos y uno*; más tarde, en 1887, al realizar un segundo viaje oyó el mismo número (3) indicado por otra frase, sobre cuya etimología nada pudo descubrir.

---

[55] *Martius* – Gloesaria liguarum brasilium.
[56] *Según von den Steinen, que los analizó cuidadosamente, como lo comprobara más tarde el erudito J. Capistrano d'Abreu, estudiando el mismo idioma. (Nota de Raja Cabaglia).*

LA GEOMETRÍA

Una geometría *no* puede ser más verdadera que otra; podrá ser sólo más cómoda.

H. Poincaré

La Geometría nos permite adquirir el hábito de razonar, ¡y ese hábito puede emplearse, entonces, en la investigación de la verdad y ayudarnos en la vida!

Jacques Bernoulli

Entre dos espíritus iguales, colocados en las mismas condiciones, aquel que sabe geometría es superior al otro y adquiere una fuerza especial.

Pascal

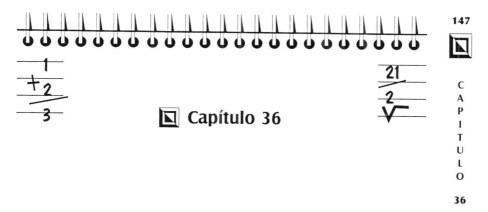

Capítulo 36

LOS GRANDES GEÓMETRAS
Omar Khayyam

Los árabes aportaron una gran contribución al progreso y desarrollo de la Matemática desde el siglo IX al periodo del Renacimiento.

Bajo dos aspectos diferentes, debemos apreciar el trabajo de los sabios mahometanos. En primer término, destaquemos las traducciones que hicieron de las obras antiguas de los grandes filósofos y matemáticos griegos, pues fue a través de dichas traducciones iniciadas durante el reinado de Al-Mamum,[57] que la Europa cristiana llegó a conocer los genios de Arquímedes, Ptolomeo, Euclides y Apolonio.

Y además de eso, los geómetras árabes enriquecieron la ciencia con un gran número de investigaciones y descubrimientos cuya originalidad ya ha sido ampliamente destacada por los historiadores.

Y la obra de la ciencia árabe solamente logró llegar a los centros de la cultura de occidente después de haber vencido por la fuerza irresistible de su valor, la increíble barrera que la rivalidad religiosa hiciera construir entre cristianos y musulmanes.

Deberíamos consagrar más de una página, como suplemento a este capítulo, si nos dispusiésemos a citar los nombres de todos los grandes matemáticos árabes que se distinguieron y que son señalados por la Historia. Juzgamos, sin embargo, que sería más interesante dejar aquí sólo algunos datos biográficos

---

[57] *Califa de Bagdad, hijo del famoso sultán Harun-al-Raschild, tantas veces citado en los Cuentos de* Las mil y una Noches.

de un algebrista famoso –Omar Khayyam -, que es más conocido poeta que como geómetra.

Omar Khayyam nació en Nichapour, Persia, en 1040[58]. Era hijo
de un fabricante de tiendas y de este oficio provino el apellido
Al-Khayyami [59] que el poeta conservó como homenaje a la memoria de su padre.

Cuando todavía era muy joven, asistió a las clases de un maestro de escuela cuya enseñanza se limitaba a hacer que los discípulos aprendieran de memoria los 114 *suratas* del *Corán*.[60] Tuvo
en ese curso dos compañeros de su edad –Nizham Almoulq y
Haçan Ibn Sabbah - con los que trabó una fuerte amistad.

Cierta vez, por simple humorada, los tres amigos hicieron un
pacto. Aquel que llegara a ocupar en el futuro un cargo elevado,
trataría de amparar y auxiliar a los compañeros, de modo que los
tres pudieran participar de la misma prosperidad.

Pasaron varios años y el tiempo, como era natural, llevó por
rumbos diferentes los destinos de los tres compañeros de infancia. La suerte fue favorable para Nizham Almoulq, quien después de una rápida carrera, fue elegido para ejercer el prestigioso cargo de gran visir del sultán Alp-Arslan.

El poder, que deslumbra y fascina a los más fuertes, no impi-
dió que Nizham recordase la promesa a la que estaba sujeto
desde la infancia. Mandó buscar a sus dos amigos y les ofreció
cargos importantes en la corte musulmana.[61]

Omar Khayyam, que jamás se sintió movido por la ambición
ni por la gloria de las posiciones elevadas, rechazó los ofreci-
mientos del poderoso visir. Se limitó a aceptar un lugar modesto
que le permitiera continuar tranquilamente los trabajos literarios
y científicos de su predilección.

Poco tiempo después, Omar Khayyam era señalado como uno
de los astrónomos más notables de la corte del sultán Maliq-
Chab, y elaboró por orden de ese soberano, una reforma en el

---

[58]*Respecto a la fecha de nacimiento de Khayyam, solo existen indicaciones vagas e inciertas
(L'Algebre de Omar Khayyam, F. Woepcke, Paris, 1851, p. IV).*

[59]*Al Khayyami significa «el fabricante de tiendas». La forma exacta del nombre de Khayyam
ha sido objeto de largas discusiones. Decidimos mantener la forma Omar Khayyam que el
escritor inglés Fitzgerald consagró en su célebre traducción.*

[60]*Libro sagrado para los musulmanes. Contiene 114 capítulos o suratas con un total de
6236 versículos. Distribuido en Brasil por Record.*

[61]*Existe una traducción brasilera del Dr. Octavio Tarquinio de Souza. En francés el Rubaiya
mereció una admirable versión de Franz Touscaint.*

calendario que entró en vigencia en 1079.

Entre las obras matemáticas de Omar Khayyam debemos citar: *Tratado sobre algunas dificultades de las definiciones de Euclides* y las *Demostraciones de los teoremas de Álgebra*. Esta última, traducida al francés por F. Woepcke, tiene el siguiente título:

Mémoire du sage excellent Ghyath Eddin Aboul Farth Omar ben Ibrahim Alkhayyami de Nichapour (¡que Dieu sanctifique son âme precieuse!) sur les démonstrations des problèmes de l'Algêbre.

Omar Khayyam se dedicó al estudio de las ecuaciones de 2º grado y también buscó una solución gráfica para las ecuaciones de 3º grado.

La obra poética de Omar Khayyam, titulada *Rubaiyat* [62], fue escrita en persa pero ya ha sido traducida a casi todos los idiomas[63]. El profundo simbolismo que nos brindan los Rubaiyat puede observarse en estos versos:

Cierra tu Corán. Piensa libremente y serenamente encara el cielo y la tierra. Al pobre que pasa dale la mitad de lo que posees. Perdona a todos los culpables. No entristezcas a nadie. Y escóndete para sonreír.

La matemática honra el espíritu humano.
LEIBNIZ

---

[62] *Plural de la palabra persa rubait que significa cuarteto.*
[63] *Existe una traducción brasilera del Dr. Octavio Tarquinio de Souza. En francés el Rubaiya mereció una admirable versión de Franz Touscaint.*

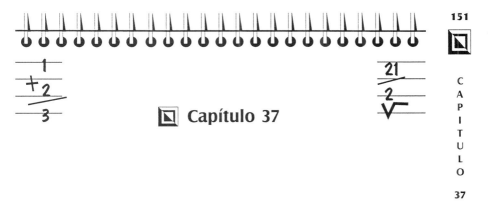

Capítulo 37

LA RELATIVIDAD
Amoroso Costa

Si fuésemos transportados conjuntamente con nuestros instrumentos de medición y con todos los objetos que nos rodean hacia otra región del espacio, manteniendo invariables las distancias entre todos esos objetos, nada nos revelaría semejante cambio. Es lo que muestra el movimiento de traslación de la Tierra, que sólo conocemos mediante la observación de los cuerpos exteriores. En este caso, la expresión *posición absoluta en el espacio* no tiene sentido alguno y sólo se debe hablar de la posición de un objeto con relación a otros.

Lo mismo podemos decir de la expresión *tamaño absoluto*. Si todos los objetos fuesen simultáneamente agrandados o achicados en cierta proporción y si ocurriera lo mismo con nuestro cuerpo y con nuestros instrumentos, todo nos pasaría desapercibido: no podríamos diferenciar el nuevo universo del antiguo. Sólo debemos considerar relaciones entre dos tamaños o entre dos distancias. Como lo dice admirablemente Anatole France: *las cosas en sí mismas no son ni grandes ni pequeñas y cuando decimos que el universo es vasto, esa idea es puramente humana. Si de repente, fuera reducido al tamaño de una avellana y todas las cosas conservaran sus proporciones, no podríamos darnos cuenta del cambio. La estrella Polar, encerrada junto a nosotros en la avellana, tomaría como en el pasado 50 años para enviarnos su luz.*

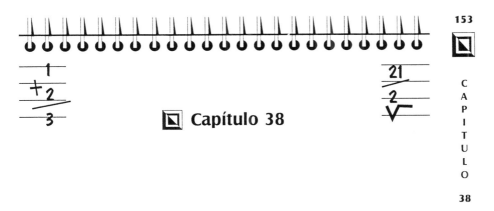

AMOROSO COSTA
Luis Freire

Los trabajos de Amoroso Costa son verdaderos modelos de arte y del bien decir en Matemática: precisos, concisos, simples y elegantes, con esa elegancia matemática en la que Poincaré veía *el sentimiento de la belleza, de la armonía de los números y de las formas, y que sólo los verdaderos matemáticos saben adivinar.*

Se nota en todo lo que hacía Amoroso, un especial cuidado – que a muchos les podrá parecer exagerado - de aquella síntesis en las que *a una hora corresponde muchas de análisis.*

La perfección lógica de sus trabajos es notable. Toda vez que podía, reducía al mínimo el número de principios independientes – es por dicho trabajo recurrente que, en nuestra opinión, se puede comprobar su selecto espíritu.

Asimismo, parece que él buscaba reducir todo al mecanismo del verdadero razonamiento matemático señalado por Poincaré como *recurrente.*

UNA FRASE DE EULER
Condorcet

Euler abandonó Petesburgo dirigiéndose a Berlín, a donde lo había llamado el rey de Prusia. Fue presentado a la reina madre quien gustaba de mantener conversaciones con personas eruditas y las recibía con esa noble familiaridad que denota en los príncipes los sentimientos de una grandeza personal independiente de su título y fuera una de las características de esa augusta familia. Sin embargo, la reina de Prusia no logró obtener de Euler más que monosílabos; le censuraba ese apocamiento, esa confusión que ella juzgaba no merecer. Finalmente le preguntó: *¿Por qué no queréis hablarme?*

- *Mi señora, respondió el sabio, «porque vengo de un país donde se ahorca a quien habla.*

EL ÁLGEBRA DE LOS HINDÚES
Pierre Boutroux

A diferencia de los sabios griegos, los hindúes fueron antes que nada eximios calculistas. Espíritus prácticos que no se preocupaban por lograr que las teorías desarrolladas fuesen rigurosas y perfectas. Para ellos, en verdad no existía la teoría científica en sentido estricto, sino solamente reglas formuladas en versos y –como era más frecuente– sin demostración.

Dime, querida y hermosa Lila Vati, -así decía Bhaskara, -*tú que tienen los ojos como los de la gacela, dime cuál es el resultado de la multiplicación.* Y a continuación venía la resolución del problema propuesto. De esta forma, Bhaskara nos presenta un conjunto de reglas que constituyen «un método fácil de cálculo, claro, conciso, apacible, correcto y agradable al estudio», una simple colección de indicaciones y fórmulas. Así era la ciencia para los hindúes. ¡Y por eso mismo fueron grandes algebristas!

CALCULISTAS PRODIGIOSOS
M. d'Ocagne

No pocos fueron los calculistas que se hicieron célebres y cuyos nombres son señalados por los algebristas. Citemos los siguientes: Mathieu Le Coq, que con 8 años de edad deslumbró a los matemáticos en Florencia; Mme. Lingré, que realizaba operaciones muy complicadas en medio del ruido de una animada conversación; el pastor Dinner; el inglés Jededdiah Buxton; el americano Zerah Colburn, que fue sucesivamente actor, diácono metodista y profesor de lengua; el esclavo negro Tom Fuller, de Virginia, que a fines del siglo XVII murió con 80 años de edad, sin saber leer ni escribir; Dase, que aplicó sus facultades de cal-culista –las únicas que tal vez poseía – para continuar los traba-jos de las tablas de los divisores primos de Burckbardt para los números comprendidos entre 7.000.000 y 10.000.000; el pastor siciliano, Vito Mangiaveelle; los rusos Ivan Petrof y Mikail Cerebinakof; Vincker, que fue objeto de notables experiencias en la Universidad de Oxford; Jacques Ivandi, el griego Diamandi y muchos otros.

La escala de la sabiduría tiene sus peldaños hechos de números.

BLAVATSKY

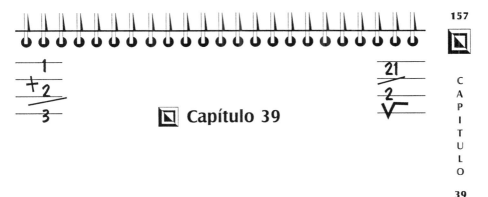

ELOGIO DE LA MATEMÁTICA

Tenemos siempre presentes en el pensamiento las palabras de Lord Balfour, el incomparable ensayista: El éxito futuro de la industria depende de las investigaciones abstractas o científicas del presente y será a los hombres de ciencia que trabajan para fines puramente científicos, sin ninguna intención de aplicación de sus doctrinas, que la humanidad le será deudora en los tiempos futuros. Ya Condorcet observó: El marinero al que la exacta determinación de la longitud preserva de un naufragio, debe la vida a una teoría concebida veinte siglos atrás por hombres de genio que tenían en vista la geometría pura.[64]

Es gran privilegio del matemático esta relación íntima y misteriosa entre su sueño que, fuera de él, casi no interesa a nadie, y las aplicaciones prácticas de la ciencia que exaltan a la multitud y a las cuales él permanece aparentemente ajeno. Que ese acuerdo entre las especulaciones matemáticas y la vida práctica se explique mediante argumentos metafísicos o de teorías biológicas no importa, es un hecho probado por una experiencia de más de veinte siglos.

Esta certeza referida a la profunda utilidad de su obra, le permite al matemático entregarse sin reservas y sin remordimiento a los placeres de la imaginación creadora, teniendo en vista solamente su propio ideal de belleza y de verdad. Se integra al tributo de admiración y de gloria con que la humanidad homenajea a los sabios cuyos descubrimientos le son más accesibles

---

[64] *Raja Gabaglia (Fernando) – Parte de un discurso pronunciado en el Colegio Pedro II. Mello e Souza, Geometría Analítica, p. 132.*

y le traen un inmediato alivio a sus sufrimientos; pero sabe que la obra de un Louis Pasteur, de un Pierre Curie presupone los trabajos de los matemáticos de siglos pasados y tienen la esperanza de que un Poincaré suscite en el siglo XXI nuevos Louis Pasteur y Pierre Curie.[65]

Y más aún: *Cuando los geómetras de la antigüedad estudiaban las secciones cónicas, ¿se hubiera podido prever que esas curvas desempeñarían dos mil años después un papel fundamental en la Astronomía? O cuando Pascal y Fermat lanzaban los primeros fundamentos del cálculo de probabilidades, ¿quién hubiera podido suponer que un día los teóricos iban a considerar las leyes de la Física como aquellas de mayor probabilidad, quitándole así a la ley natural la rigidez que nos es familiar?*

En torno al mismo tema, Matila C. Ghyka traza interesantes consideraciones: *Es curioso observar que esta correspondencia entre las especulaciones matemáticas (como punto de partida, las más paradojales; como reglas, las más arbitrarias) con un sector conocido o inexplorado de nuestro universo experimental se ha producido siempre, acompañada a menudo de una enorme utilidad práctica. El ejemplo más divulgado, por lo menos entre los ingenieros, es el cálculo de los imaginarios. Desde hace mucho tiempo considerado como una elucubración patológica terminó siendo la única rama del análisis que puede representar rigurosamente los fenómenos eléctricos relativos a las corrientes alternas, tanto su teoría como su aplicación técnica. En la nota al capítulo II enuncié, a propósito de la geometría de 4, 5, dimensiones, la curiosa aplicación de las hiperpirámides de Pascal al cálculo de probabilidades. Además, Emilio Borel (Introducción geométrica a algunas teorías físicas) emplea la geometría de 25 dimensiones para abordar problemas de la física molecular.*

DUALIDAD: MÁS X, MENOS X
Pontes de Miranda

Núcleo, electrones... + x – x... la dualidad, el par, el equilibrio... equipartición de la energía... repartición homogénea, si-

---

[65] *Emile Borel – « Sobre Henrique Poincaré» – Revista Brasilera de matemática, año I, n° 12.*

métrica... *De nive sexangula*... la aparición del pentágono... el milagro de la sección de oro... Menor acción... La lucha de la Vida contra la Monotonía... Una Ley contra otra Ley dentro de las Leyes... El 2 y el 3... Los cristales, la química orgánica... el pentámetro de las flores, del fondo de los mares... el hexápetalo del lirio... el espejo griego... los jarrones griegos... Quilix.

> Se advierte, entre los matemáticos, una imaginación asombrosa. Repetimos: existía mas imaginación en la cabeza de Arquímedes que en la de Homero.
>
> **VOLTAIRE**

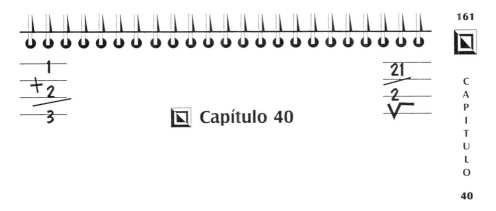

▣ Capítulo 40

EL ORIGEN DE LOS NÚMEROS FRACCIONARIOS
Amoroso Costa

La creación de los números fraccionarios resulta de la consideración de objetos que se pueden subdividir o de ciertas cantidades continuas, como la distancia y la duración.

Los egipcios practicaban con habilidad el cálculo de fracciones, como nos muestra el famoso manual redactado por el sacerdote Ahmés en una época que los historiadores sitúan entre los años 2000 y 1600 a.C. y que forma parte de la colección Rhind, en el Museo Británico de Londres.

En dicho papiro, anterior a Tales por lo menos diez siglos, se encuentra una tabla para descomponer ciertas fracciones en sumas de fracciones cuyos numeradores son iguales a la unidad. Con su auxilio, Ahmés resuelve problemas bien complicados como aquel que, en lenguaje moderno, enunciamos en los siguientes términos: *dividir 100 panes entre 5 personas, en partes crecientes por diferencias iguales, de modo que la suma de las dos partes menores sea igual al séptimo de las otras tres.*

Lo que caracteriza a este tratado es la ausencia completa de consideraciones teóricas, desarrollando las operaciones sin ninguna justificación. Si el libro de Ahmés reproduce, como todo hace creer, la enseñanza de los matemáticos egipcios, la Aritmética no pasaba de ser una colección de recetas extremadamente ingeniosas.

Como se ve el uso de las fracciones viene desde la remota antigüedad. Su teoría, sin embargo, es mucho más reciente y solamente en tiempos modernos se las consideró verdaderos números. A este respecto, Diofanto es un precursor ya que data de alrededor del año 300 de nuestra era. Los geómetras clásicos - entre ellos Euclides, en su teoría de las proporciones - consideraban a las fracciones como nombres de relaciones entre números.

Al desarrollarse más tarde en la India, alrededor del siglo IV, el cálculo de las fracciones fue llevado a occidente por los árabes.

Sólo mil años después aparece en la Aritmética de Stevil (1585) una exposición completa del cálculo de los *numeri rupti*, extensión de las operaciones fundamentales ya practicadas sobre los enteros.

La contribución contemporánea a la teoría de las fracciones se encuentra, sobre todo en lo referente a su elaboración lógica y formal, disipando las últimas dudas respecto a su interpretación, constituyendo finalmente los números fraccionarios una de las dos subclases en que se dividen los números racionales.

FRASES CÉLEBRES

La matemática ennoblece el espíritu humano.
Leibniz

En las cuestiones matemáticas no se comprende la indecisión ni la duda, así como tampoco se pueden establecer distinciones entre medias verdades y verdades de grado superior.
Hilbert

Los signos + y – modifican la cantidad delante de la cual son colocados así como el adjetivo modifica al sustantivo.
Cauchy

▣ Datos Biógraficos

Malba Tahan (1895-1974), autor de *El hombre que calculaba*, es el seudónimo con que el Profesor Julio César de Mello e Souza se hizo reconocido fuera del aula por sus numerosos libros en los cuales crea una didáctica propia y divertida, que ha perdurado en el tiempo.

En esa época, las actividades lúdicas eran casi una herejía, recuerdan sus alumnos, pero el carismático profesor los encantaba con sus historias, sus ejercicios y su informal manera de enseñar Matemática.

Su fama como pedagogo se esparció por todo el país y, a más de un siglo de su nacimiento, sus libros de Matemática, así como los de cuentos y leyendas, continúan siendo elegidos por los jóvenes de todas las edades.

EL HOMBRE QUE CALCULABA

Beremiz Samir, el hombre que calculaba, aparece a un lado del camino que lleva a la ciudad de Bagdad. Allí lo encuentra quien será el narrador de la historia. Los ds personajes emprenden juntos el viaje. A través de las palabras con que Hank-Tadé-Maiá relata las distintas vicisitudes en las que participa Beremiz Samir a lo largo de la travesía, el lector recibe una clara idea de su talento para dominar la ciencia de la matemática, así como también de la altura ética de el hombre que calculaba. Los desafíos que enfrenta el calculador tienen como marco las tierras de un antiquísimo Irak habitado por califas, jeques y visires. En cada uno de los relatos, Beremiz demuestra el dominio que tiene sobre los números; pero ante cada consulta, ante cada historia, esa sabiduría va acompañada por una reflexión que, por encima de todos los detalles, busca y siempre encuentra una razón ética, de justicia, para hacer desaparecer el problema, la no coincidencia entre los hombre por cuestiones, en la mayoría de los casos, casi insignificantes. Beremiz Samir es un hombre sabio; es un hombre de paz que no busca el poder sino la tranquilidad de vivir una vida plena. El hombre que calculaba es, en definitiva, un hombre que intenta hablar con su hermano, transmitir historias en las que los seres humanos entienden que en la vida no todo es cálculo, y que es en la búsqueda de un equilibrio sincero, real y justo, donde será posible hallar la felicidad de los días.

La presente edición, cuya tirada consta
de 4.000 ejemplares, se terminó de imprimir
en los talleres gráficos CARYBE, Udaondo 2646,
Lanús Oeste, provincia de Buenos Aires,
durante el mes de abril de 2006.